多媒体技术应用丛书

中文版

Premiere Pro

实用教程 案例视频版

唯美世界 编著

中国水利水电出版社
www.waterpub.com.cn
· 北京 ·

内容提要

《中文版 Premiere Pro 实用教程（案例视频版）》是一本专为短视频色块设计、影视设计、广告设计、新媒体设计等专业编写的入门教程，主要讲述了剪辑、特效、动画、调色、文字、输出等内容。

本书内容主要分为 3 个部分：第一部分为第 1 ~ 3 章，主要讲解 Premiere Pro 2024 的界面、Premiere Pro 2024 的基础操作、视频剪辑；第二部分为第 4 ~ 6 章，主要讲解常用视频效果、常用视频过渡效果、关键帧动画；第三部分为第 7 ~ 10 章，主要讲解调色、文字、抠像、输出作品。

为了帮助读者快速掌握短视频制作，本书为几乎所有实例录制了视频讲解，还提供了素材源文件，可边看视频边动手实践，提高学习效率。赠送的各类学习资源有：

- 226 分钟视频讲解
- Premiere Pro PPT 课件
- Premiere Pro 常用快捷键索引
- 《色彩速查宝典》（电子书）
- 《构图宝典》（电子书）
- 本书案例素材

本书适合各大中专院校学生使用，也适合没有任何经验但又想从事视频相关工作的人员阅读。

图书在版编目（CIP）数据

中文版 Premiere Pro 实用教程：案例视频版 / 唯美世界编著. —北京：中国水利水电出版社，2024.11.

ISBN 978-7-5226-2841-7

Ⅰ．TP317.53

中国国家版本馆 CIP 数据核字第 2024FE3401 号

书　　名	中文版Premiere Pro实用教程（案例视频版） ZHONGWENBAN Premiere Pro SHIYONG JIAOCHENG (ANLI SHIPINBAN)	
作　　者	唯美世界　编著	
出版发行	中国水利水电出版社 （北京市海淀区玉渊潭南路1号D座 100038） 网址：www.waterpub.com.cn E-mail：zhiboshangshu@163.com 电话：（010）62572966-2205/2266/2201（营销中心）	
经　　售	北京科水图书销售有限公司 电话：（010）68545874、63202643 全国各地新华书店和相关出版物销售网点	
排　　版	北京智博尚书文化传媒有限公司	
印　　刷	河北文福旺印刷有限公司	
规　　格	170mm×240mm　16开本　15.25印张　369千字	
版　　次	2024年11月第1版　2024年11月第1次印刷	
印　　数	0001—3000册	
定　　价	79.80元	

前　言

　　欢迎进入 Premiere Pro 的世界，本书是一本旨在帮助读者掌握当今强大的视频编辑软件之一的教程。Premiere Pro 已成为电影、电视和短视频创作的行业标准，无论是初学者还是经验丰富的专业人士，都能在这款软件中找到强大的功能来实现其创意愿景。

　　Premiere Pro 软件是 Adobe 公司研发的使用比较广泛的视频编辑软件之一，Premiere Pro 以其直观的用户界面、强大的剪辑工具、众多的特效工具而闻名。从简单的视频剪辑到复杂的视频制作，Premiere Pro 为创造性表达提供了无限的可能性。但要充分发挥这款软件的潜力，了解其庞大的功能集是至关重要的。

本书特色

　　1. 由浅入深，循序渐进

　　本书先从 Premiere Pro 2024 的界面和基础操作学起，再学习视频剪辑和常用视频效果、常用视频过渡效果、关键帧动画常用视频制作技巧，最后学习调色、文字、抠像和输出作品。以初学者的视角进行编写，轻松易懂。书中模块丰富，包括实例、综合实例、课堂演练、随堂测试、技巧提示等，操作步骤详尽、版式新颖，可以让读者在阅读时一目了然，从而快速掌握书中内容。

　　2. 语音视频，讲解详尽

　　书中的所有章节都录制了带语音讲解的视频，共有 226 分钟的时长，重现书中所有知识点和操作技巧。读者可以结合本书，也可以独立观看视频演示，像看电影一样进行学习，让学习更加轻松。

　　3. 实例典型，轻松易学

　　通过示例学习是最好的学习方式。本书结合所选内容精选各种实用案例，透彻详尽地讲述了短视频制作过程中所需的各类技巧，读者可以轻松地掌握相关知识。

　　4. 应用实践，随时练习

　　书中几乎每章都提供了"实例"和"综合实例"，让读者能够通过实践来熟悉、巩固所学的知识，为进一步学习 Premiere Pro 的使用技巧做好充分准备。

资源获取

　　为了帮助读者快速掌握短视频制作，本书赠送以下资源：

　　● 226 分钟视频讲解

　　● Premiere Pro PPT 课件

● Premiere Pro 常用快捷键索引

●《色彩速查宝典》(电子书)

●《构图宝典》(电子书)

● 本书案例素材

以上资源获取及联系方式：

（1）读者使用手机微信的"扫一扫"功能扫描下面的微信公众号二维码，或者在微信公众号中搜索"设计指北"，关注后输入 PR28417 并发送到公众号后台，即可获取本书资源的下载链接，将该链接复制到计算机浏览器的地址栏中，根据提示进行下载。

（2）读者可加入本书的 QQ 学习交流群 942174308（群满后，会创建新群，请注意加群时的提示，并根据提示加入相应的群），与广大读者进行在线交流学习。

特别提醒

本书提供的下载文件包括教学视频和素材等，教学视频可以演示观看。本书采用 Premiere Pro 2024 版本编写，同时也建议读者安装 Premiere Pro 2024 版本进行学习和练习。读者可以通过以下方式获取 Premiere Pro 2024 简体中文版。

（1）登录 Adobe 官方网站查询。

（2）可到网上咨询、搜索购买方式。

关于作者

本书由唯美世界组织编写，其中，曹茂鹏、瞿颖健担任主要编写工作，参与本书编写和资料整理工作的还有杨力、瞿学严、杨宗香、曹元钢、张玉华、孙晓军等，在此一并表示感谢。由于作者知识水平有限，书中难免有疏漏，恳请广大读者批评、指正。

编者

目 录

第3章　视频剪辑 ……………………………………………………034

中文版 Premiere Pro 实用教程（案例视频版）

Premiere Pro 2024 的界面　　第 1 章

1.1 认识 Premiere Pro 2024 的工作界面

Premiere Pro 2024 是由 Adobe 公司推出的一款优秀的视频编辑软件，可以帮助用户完成作品的视频剪辑、编辑、特效制作、视频输出等，实用性极为突出。图 1-1 所示为 Premiere Pro 2024 的启动界面。

图 1-1

Premiere Pro 2024 的工作界面主要由标题栏、菜单栏、【工具】面板、【项目】面板、【时间轴】面板、【节目监视器】面板等组成，如图 1-2 所示。

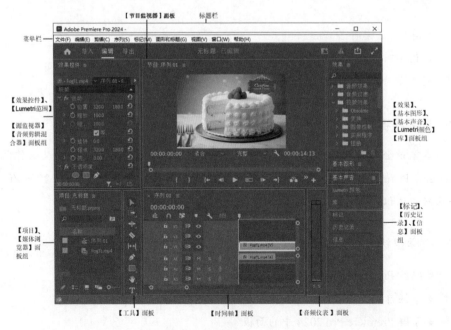

图 1-2

- 标题栏：用于显示程序、文件名称、文件位置。

- 菜单栏：按照程序功能分为多个菜单，包括文件、编辑、剪辑、序列、标记、图形和标题、视图、窗口、帮助。

- 【效果控件】面板：用于设置视频的效果参数及默认的运动属性、不透明度属性及时间重映射属性。

- 【Lumetri 范围】面板：用于显示素材文件的颜色数据。

- 【源监视器】面板：预览和剪辑素材文件，为素材设置出入点及标记等，并指定剪辑的源轨道。

- 【音频剪辑混合器】面板：对音频素材的左、右声道进行处理。

- 【项目】面板：用于素材的存放、导入及管理。

- 【媒体浏览器】面板：用于查找或浏览用户计算机中各磁盘的文件信息。

- 【节目监视器】面板：可播放序列中的素材文件，并可对文件进行出入点设置等。

- 【工具】面板：编辑【时间轴】面板中的视频、音频素材。

- 【时间轴】面板：用于编辑和剪辑视频、音频素材，并为视频、音频提供存放轨道。

- 【音频仪表】面板：用于显示混合声道输出音量大小。当音量超出安全范围时，在柱状顶端会显示红色警告，用户可以及时调整音频的增益，以免损伤音频设备。

- 【效果】面板：可为视频、音频素材文件添加特效。

- 【基本图形】面板：用于浏览和编辑图形素材。

- 【基本声音】面板：可对音频文件进行对话、音乐、XFX 及环境编辑。

- 【Lumetri 颜色】面板：校正调整所选素材文件的颜色。

- 【库】面板：可以连接 Creative Cloud Libraries，并应用库。

- 【标记】面板：可在搜索框中快速查找带有不同颜色标记的素材文件，方便剪辑操作。

- 【历史记录】面板：在面板中可显示最近对素材的操作。

- 【信息】面板：显示【项目】面板中所选择素材的相关信息。

1.2　自定义工作区

Premiere Pro 2024 提供了可自定义的工作区，在默认工作区状态下包含面板组和独立面板，用户可以根据自己的操作习惯将面板重新排列。

1.2.1　修改工作区顺序或删除工作区

在 Premiere Pro 2024 界面中可根据个人的操作习惯调整工作区顺序，若有些工作区在操作过程中用不到，可将其删除，增大其他工作区的面积。

（1）要修改当前工作区的顺序，可单击工作区菜单右侧的按钮，在弹出的菜单中选择【编辑工作区】命令，如图 1-3 所示，此时会弹出一个【编辑工作区】对话框，如图 1-4 所示；也可以在菜单栏中选择【窗口】→【工作区】→【编辑工作区】命令，打开【编辑工作区】对话框。

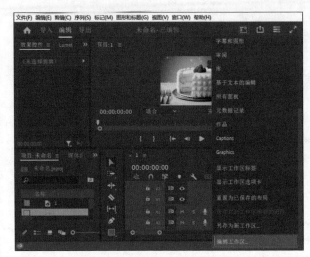

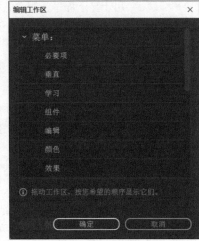

图 1-3　　　　　　　　　　　　　　　　　　　图 1-4

（2）在【编辑工作区】对话框中选择想要移动的工作区，按住鼠标左键移动到合适的位置后松开即可完成移动。然后单击【确定】按钮，此时工作区界面修改完成，如图 1-5 所示。若不想进行移动，可单击【取消】按钮取消当前操作。

（3）若想删除工作区，可选择需要删除的工作区，单击【编辑工作区】对话框左下角的【删除】按钮，再单击【确定】按钮，即可完成删除操作，如图 1-6 所示。删除所选工作区后，再启动 Premiere Pro 2024 时，将使用新的默认工作区，并将其他工作区依次向上移动，填补此处位置。

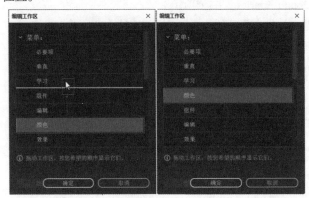

图 1-5　　　　　　　　　　　　　　　　　　　图 1-6

1.2.2　保存或重置工作区

（1）在完成自定义工作区后，界面会随之变化，可以存储最近的自定义布局。若想持续使用自定义工作区，可在菜单栏中选择【窗口】→【工作区】→【另存为新工作区 ...】命令，在弹出的【新建工作区】对话框中设置【名称】为自定义的名称，在这里将它设置为"未命名工作区"，设置完成后单击【确定】按钮，保存新的自定义工作区，以便于下次使用，如图 1-7 所示。此时界面为自定义调整后的状态，如图 1-8 所示。

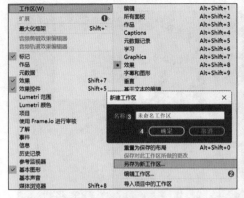

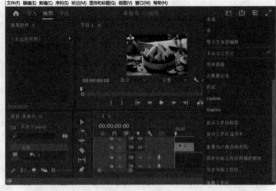

图 1-7   图 1-8

（2）若在操作时将工作区切换为其他模式后，想再次将工作区调整为自己设置的自定义模式布局，可在菜单栏中选择【窗口】→【工作区】→【重置为保存的布局】命令，或使用快捷键 Alt+Shift+0，如图 1-9 和图 1-10 所示。

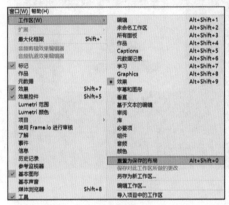

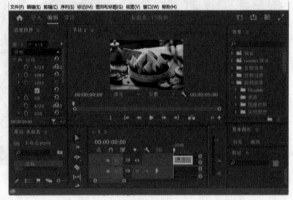

图 1-9   图 1-10

1.2.3 停靠、分组或浮动面板

Premiere Pro 2024 的各种面板可进行停靠、分组或浮动操作。

（1）按住鼠标左键拖动面板时，放置区的颜色比其他区域颜色亮，如图 1-11 所示。松开鼠标后，面板位置调整完成，如图 1-12 所示。

（2）放置区域规定了在面板中插入内容、停放以及分类的方式。将面板拖动到放置区时，应用程序会根据放置区的类型进行停靠或分组。在拖动面板的同时按住 Ctrl 键，可使面板自由浮动，如图 1-13 和图 1-14 所示。

图 1-11

图 1-12

图 1-13

图 1-14

1.2.4　调整面板组的大小

（1）将鼠标指针放置在相邻面板组之间的分隔条上时，鼠标指针会变为 ■ 形状，此时按住鼠标左键拖动，分隔条两侧相邻面板组的面积会随之增大或减小，如图 1-15 和图 1-16 所示。

图 1-15

图 1-16

（2）若想同时调节多个面板，可将鼠标指针放置在多个面板组的交叉位置，此时鼠标指针变为  形状，按住鼠标左键拖动，即可改变多个面板组的面积大小，如图1-17和图1-18所示。

图1-17   图1-18

1.2.5　打开、关闭和滚动面板

（1）若想在界面中打开某一面板组，可在菜单栏中的【窗口】菜单中选择相应命令，如图1-19所示。在这里以【效果】面板为例，选择【窗口】→【效果】命令，如图1-20所示。

（2）此时在软件界面中出现【效果】面板，如图1-21所示。

（3）若想关闭该面板，可直接单击面板右上角的关闭按钮，或单击【效果】文字右侧的 按钮，在快捷菜单中选择【关闭面板】命令，如图1-22所示，此时面板在界面中消失。

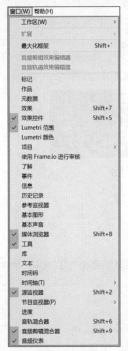

图1-19   图1-20   图1-21   图1-22

1.3 Premiere Pro 2024 中的面板

了解和掌握 Premiere Pro 2024 中的面板的操作是学好 Premiere Pro 2024 的基础，通过组合应用各面板，即可轻松流畅地制作出完整的视频。接下来针对 Premiere Pro 2024 的面板进行详细的讲解。

1.3.1 【项目】面板

【项目】面板用于显示、存放和导入素材文件，如图 1-23 所示。

图 1-23

1. 预览区

在【项目】面板上部的预览区可预览当前选择的静帧素材文件，如图 1-24 所示。在显示音频素材文件时，会将声音的时长及频率等信息显示在面板中，如图 1-25 所示。

图 1-24   图 1-25

- 标识帧：拖动预览窗口底部的滑块，可为视频素材设置标识帧。
- 播放：单击【播放】按钮，即可播放音频。

2. 素材显示区

素材显示区用于存放素材文件和序列。同时【项目】面板底部包括多个工具按钮，如图 1-26 所示。

- （项目可写）：单击该按钮，可将项目切换为只读模式。
- （列表视图）：将【项目】面板中的素材文件以列表的形式呈现。
- （图标视图）：将【项目】面板中的素材文件以图标的形式呈现。
- （自由变换视图）：将【项目】面板中的素材文件以自由的形式上下排列呈现。

- （调整图标和缩略图大小）：拖动即可放大 / 缩小素材缩略图。

- （排列图标）：当激活 （图标视图）时，该选项可用，用于按不同方式排序。

- （自动匹配序列）：可将文件存放区中选择的素材按顺序排列。

- （查找）：单击该按钮，在弹出的【查找】对话框中可查找所需的素材文件。

- （新建素材箱）：可在文件存放区中新建一个文件夹。将素材文件移至文件夹中，方便素材的整理。

- （新建项目）：单击该按钮，可在弹出的快捷菜单中快速执行命令。

- （清除）：选择需要删除的素材文件，单击该按钮，可将素材文件移除，快捷键为 Backspace。

图 1-26

3. 右键快捷菜单

在素材显示区的空白处右击，会弹出如图 1-27 所示的菜单。下面介绍该快捷菜单中的部分命令。

- 粘贴：将【项目】面板中复制的素材文件进行粘贴，此时会出现一个相同的素材文件。

- 新建素材箱：执行该命令，可在素材显示区中新建一个文件夹。

- 新建项目：与 （新建项目）按钮的功能相同。

- 查看隐藏内容：可将隐藏的素材文件显现出来。

- 导入：可将计算机中的素材导入素材显示区中。

- 查找：与 （查找）按钮功能相同。

图 1-27

4.【项目】面板菜单

单击【项目】面板右上角的 按钮，会弹出一个快捷菜单，如图 1-28 所示。下面介绍该快捷菜单中的部分命令。

- 关闭面板：单击该命令会将当前面板关闭。

- 浮动面板：将面板以独立的形式呈现在界面中，变为浮动的独立面板。

- 关闭组中的其他面板：单击该命令的同时会关闭组中的其他面板。

- 面板组设置：该命令中包含 6 个子命令。

- 关闭项目：单击该命令，当前项目会从界面中消失。

- 保存项目：单击该命令会保存当前项目。

- 刷新项目：单击该命令会刷新当前项目。

- 在资源管理器中显示项目：单击该命令可以在资源管理器中显示项目。

- 新建素材箱：与 （新建素材箱）按钮功能相同。

- 新建搜索素材箱：与 （查找）按钮功能相同。

- 重命名：叫将素材文件重新命名。
- 删除：与 🗑 （清除）按钮功能相同。
- 自动匹配序列：与 ▥▥ （自动匹配序列）按钮功能相同。
- 查找：与 🔍 （查找）按钮功能相同。
- 列表：与 ▤▤ （列表视图）按钮功能相同。
- 图标：与 ▦ （图标视图）按钮功能相同。
- 自由变换：与自由变换视图按钮功能相同。
- 预览区域：选中该命令，可以在【项目】面板上方显示素材预览图。
- 缩览图：使素材文件以缩览图的方式呈现在列表中。
- 缩览图显示应用的效果：此设置适用于【图标】和【列表】视图中的缩览图。
- 悬停划动：控制素材文件是否处于悬停的状态。
- 所有定点设备的缩览图控件：单击该命令后，可在【项目】面板中使用相应的控件。
- 字体大小：调整面板的字体大小。
- 刷新排序：将素材文件按顺序排列。
- 元数据显示：在弹出的面板中对素材进行查看和修改素材属性。

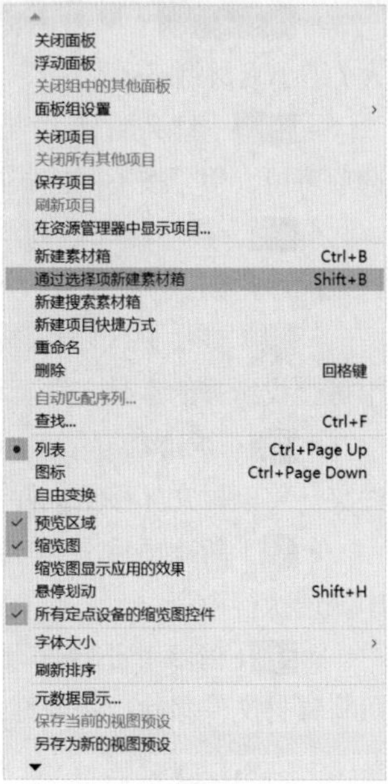

图 1-28

1.3.2 【时间轴】面板

【时间轴】面板可以编辑和剪辑视频、音频文件，为文件添加字幕、效果等，是 Premiere Pro 2024 界面中十分重要的面板之一，如图 1-29 所示。

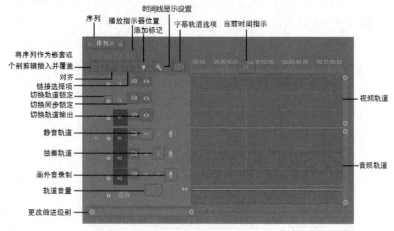

图 1-29

- 00:00:23:30 （播放指示器位置）：显示当前时间线所在的位置。
- ▮ （当前时间指示）：单击并拖动此按钮即可显示当前素材的时间位置。
- 🔒 （切换轨道锁定）：单击此按钮，该轨道停止使用。
- ▤ （切换同步锁定）：可限制在修剪期间的轨道转移。

- （切换轨道输出）：单击此按钮，即可隐藏该轨道中的素材文件，并以黑场视频的形式呈现在【节目监视器】中。
- （静音轨道）：单击此按钮，将当前的音频轨道静音。
- （独奏轨道）：单击此按钮，该轨道可成为独奏轨道。
- （画外音录制）：单击此按钮可进行录音操作。
- （轨道音量）：数值越大，轨道音量越高。
- （更改缩进级别）：更改时间轴的时间间隔，向左滑动级别增大，素材占地面积较小；反之，级别变小，素材占地面积较大。
- （视频轨道）：可在轨道中编辑静帧图像、序列、视频文件等素材。
- （音频轨道）：可在轨道中编辑音频素材。

1.3.3　【效果】面板

利用【效果】面板可以为视频和音频素材添加过渡效果以及改变其画面的特效，如图 1-30 所示。

1.3.4　【效果控件】面板

在【时间轴】面板中若不选择素材文件，【效果控件】面板为空，如图 1-31 所示。若在【时间轴】面板中选择素材文件，可在【效果控件】面板中调整素材效果的参数，默认状态下会显示【运动】【不透明度】【时间重映射】三种效果，也可为素材添加关键帧制作动画，如图 1-32 所示。

图 1-30　　　　　　　　　图 1-31　　　　　　　　　图 1-32

1.3.5　【工具】面板

【工具】面板主要用于编辑【时间轴】面板中的素材文件，如图 1-33 所示。

下面介绍【工具】面板中的部分工具。

- （选择工具）：用于选择时间线轨道上的素材文件，快捷键为 V，选择素材文件时，按住 Shift 键可进行加选。
- （向前选择轨道工具）/（向后选择轨道工具）：选择箭头方向的全部素材。
- （波纹编辑工具）：选择该工具，可调节素材文件的长度。将素材缩短时，该素材后面的素材文件会自动向前跟进。

- ⊪ （滚动编辑工具）：选择该工具，更改素材出入点时相邻素材的出入点也会随之改变。
- ⊪ （比率拉伸工具）：选择该工具，可更改素材文件的持续时间和播放速率。
- ◇ （剃刀工具）：使用该工具剪辑素材文件，可将剪辑后的每一段素材文件进行单独调整和编辑，按住 Shift 键可以同时剪辑多条轨道中的素材。
- ↔ （外滑工具）：改变所选素材的出入点位置。
- ⇄ （内滑工具）：改变相邻素材的出入点位置。
- ✐ （钢笔工具）：可以在【节目监视器】面板中绘制形状或在素材文件上创建关键帧。
- ▢ （矩形工具）：可以在【节目监视器】面板中绘制矩形形状。
- ◯ （椭圆工具）：可以在【节目监视器】面板中绘制椭圆形形状。
- ✋ （手形工具）：按住鼠标左键即可在【节目监视器】面板中移动素材文件。
- 🔍 （缩放工具）：可以放大或缩小【时间轴】面板中的素材。
- T （文字工具）：可在【节目监视器】面板中单击输入横排文字。
- ↓T （垂直文字工具）：可在【节目监视器】面板中单击输入直排文字。

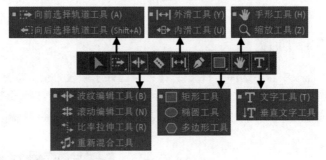

图 1-33

1.3.6 【基本图形】面板

在【基本图形】面板中可以编辑文字、形状或为文字、形状添加描边、阴影等效果。选择【窗口】→【基本图形】命令，即可打开【基本图形】面板，如图 1-34 和图 1-35 所示。此时会弹出一个【新建字幕】窗口，可在窗口中设置视频的长宽比例及字幕名称。

图 1-34

图 1-35

【基本图形】面板主要包括【浏览】和【编辑】两个部分。在【浏览】选项卡中，可以选择合适的图形模板将其添加到素材上，效果如图 1-36 所示。

在【编辑】选项卡中，单击【新建图层】按钮，可以创建文本和图形，如图 1-37 所示。在【节目监视器】面板中查看画面效果，如图 1-38 所示。

| 图 1-36 | 图 1-37 | 图 1-38 |

1.3.7　【标记】面板

利用【标记】面板可以为素材文件添加标记，通过快速定位到标记的位置，可为操作者提供方便，如图 1-39 所示。若素材中的标记点过多，则容易出现混淆现象。为了快速且准确地查找位置，可赋予标记不同的颜色，如图 1-40 所示。

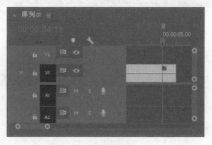

| 图 1-39 | 图 1-40 |

若想更改标记的颜色或添加注释，可在【时间轴】面板中将鼠标指针放置在标记上方双击，此时在弹出的对话框中即可对标记进行编辑，如图 1-41 所示。

图 1-41

Premiere Pro 2024 的基础操作   第 2 章

◀)) 学时安排

> 总学时：4 学时
>
> 理论学时：1 学时
>
> 实践学时：3 学时

◀)) 教学内容概述

> 要想熟练地用 Premiere Pro 2024 制作影片，掌握基础知识是必要的。本章主要讲解导入素材的多种方法、编辑项目文件和素材文件的基本操作。

◀)) 教学目标

> - 了解导入素材文件的方法
> - 掌握项目文件的基本操作
> - 掌握素材文件的基本操作

2.1　导入素材文件

在 Premiere Pro 2024 中可以导入的素材格式有很多种，其中常用的有导入图片，导入视频、音频素材，导入序列素材和导入 PSD 素材等格式。

实例：导入视频素材

文件路径：第 2 章→实例：导入视频素材

本实例首先在软件中新建项目和序列，然后导入视频素材并进行一系列的操作。

（1）在菜单栏中选择【文件】→【新建】→【项目】命令或按快捷键 Ctrl+Alt+N，在弹出的【导入】对话框中设置【项目名】，单击【项目位置】后面的保存路径进行设置，然后单击【创建】按钮，如图 2-1 所示。在【项目】面板的空白处右击，选择【新建项目】→【序列】命令。在弹出的【新建序列】对话框中选择 HDV 文件夹下的 HDV1080p24，如图 2-2 所示。

图 2-1　　　　　　　　　　　　　　　　　　图 2-2

（2）在【项目】面板的空白处双击，在打开的对话框中选择 1.mp4 素材文件，单击【打开】按钮导入素材，如图 2-3 所示。

（3）在【项目】面板中选择 1.mp4 素材文件，按住鼠标左键将其拖曳到 V1 轨道上，如图 2-4 所示。

（4）此时会弹出【剪辑不匹配警告】对话框，单击【保持现有设置】按钮，如图 2-5 所示。此时即可以当前序列的尺寸显示视频大小，如图 2-6 所示。

图 2-3

图 2-4

图 2-5

图 2-6

实例：导入序列素材

文件路径：第 2 章→实例：导入序列素材

扫一扫，看视频

序列素材是指一张张连续编号的图片，如序列 01.jpg、序列 02.jpg、序列 02.jpg 等。本实例在导入序列素材时只需选中【图像序列】复选框，即可完成导入。导入后的序列可以理解为是一段视频素材，而不是一张一张的图片。

（1）在菜单栏中选择【文件】→【新建】→【项目】命令，在弹出的【导入】对话框中设置【项目名】，并单击【项目位置】后面的保存路径进行设置，如图 2-7 所示。

图 2-7

（2）在【项目】面板的空白处双击进入【导入】对话框，选择 100.tga 素材文件，选中对话框下面的【图像序列】复选框，单击【打开】按钮进行导入，如图 2-8 所示。

图 2-8

（3）此时【项目】面板中已经出现了序列 100.tga 素材文件，按住鼠标左键将该序列拖曳到【时间轴】面板的 V1 轨道上，如图 2-9 所示。

（4）此时拖动时间线进行查看，即可以动画的形式进行显示，如图 2-10 所示。

图 2-9

图 2-10

实例：导入 PSD 素材

文件路径：第 2 章→实例：导入 PSD 素材

本实例讲解如何将 PSD 格式文件导入 Premiere Pro 2024 中。

（1）在菜单栏中选择【文件】→【新建】→【项目】命令，在弹出的【导入】对话框中设置【项目名】，并单击【项目位置】后面的保存路径进行设置，如图 2-11 所示。

扫一扫，看视频

图 2-11

（2）在【项目】面板的空白处双击进入【导入】对话框，在该对话框中选择 1.psd 素材文件，并单击【打开】按钮进行导入，如图 2-12 所示。此时 Premiere Pro 2024 中会弹出一个【导入分层文件】对话框，可以在【导入为】后面选择导入类型，本实例选择"合并所有图层"，如图 2-13 所示。

图 2-12   图 2-13

（3）在【项目】面板中导入的 1.psd 合并素材会以图片的形式出现，按住鼠标左键将其拖曳到【时间轴】面板中的 V1 轨道上，如图 2-14 所示，此时在【项目】面板中自动生成与图片相同尺寸的序列。画面效果如图 2-15 所示。

图 2-14   图 2-15

（4）导入 PSD 格式文件时，也可导入多个图层。在【项目】面板的空白处双击进入【导入】对话框，选择 1.psd 素材文件，并单击【打开】按钮进行导入，在弹出的【导入分层文件】对话框中，设置【导入为】为"各个图层"，如图 2-16 所示。

（5）此时在【项目】面板中出现 PSD 文件中的各个素材图层，如图 2-17 所示。

图 2-16   图 2-17

🔔 技巧提示：为什么有些格式的视频无法导入 Premiere Pro？

Premiere Pro 支持的视频格式有限，如 AVI、WMV、MPEG 等，若视频格式为其他类型，可使用视频格式转换软件进行转换，如格式工厂等。若视频为以上类型但仍然无法导入，建议安装 QuickTime 软件或其他播放器软件。

2.2　编辑项目文件的基本操作

在制作视频时，只有熟练掌握项目文件的基本操作才能编辑出精彩的视频文件。接下来针对项目文件进行讲解。

实例：创建项目文件

文件路径：第 2 章→实例：创建项目文件

扫一扫，看视频

（1）在菜单栏中选择【文件】→【新建】→【项目】命令，也可使用快捷键 Ctrl+Alt+ N，在弹出的【导入】对话框中设置【项目名】，并单击【项目位置】下拉列表框设置合适的保存路径，如图 2-18 所示。

（2）新建的项目如图 2-19 所示。

（3）在编辑文件之前新建序列。在【项目】面板的空白处右击，选择【新建项目】→【序列】命令，在弹出的【新建序列】对话框中通常选择 DV-PAL 文件夹下的标准 48kHz，如图 2-20 所示。此时【项目】面板中出现新建的序列，也可通过【节目监视器】查看序列大小，如图 2-21 所示。

图 2-18

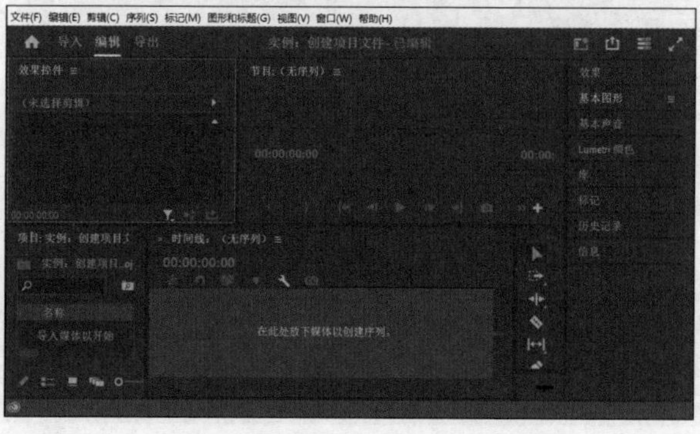

图 2-19

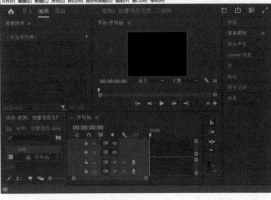

图 2-20   图 2-21

实例：打开项目文件

扫一扫，看视频

文件路径：第 2 章→实例：打开项目文件

（1）打开 Premiere Pro 2024 软件，在菜单栏中选择【文件】→【打开项目】命令（快捷键 Ctrl+O），在弹出的【打开项目】对话框中展开文件所在的文件夹，在文件夹中选择制作完成的 Premiere Pro 工程文件，单击【打开】按钮，如图 2-22 所示。

图 2-22

（2）此时选择的文件在 Premiere Pro 2024 中打开，如图 2-23 所示。除此之外，还可以双击文件打开。

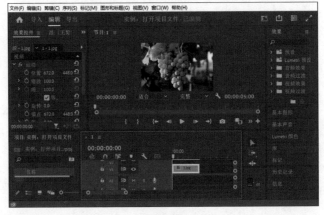

图 2-23

实例：保存项目文件

文件路径：第 2 章→实例：保存项目文件

（1）文件制作完成后，要将项目文件及时保存。选择【文件】→【另存为】命令，如图 2-24 所示。或使用快捷键 Ctrl+Shift+S 打开【保存项目】对话框，设置合适的【文件名】及【保存类型】，如图 2-25 所示。

图 2-24

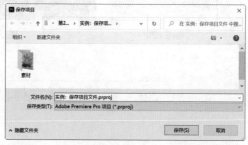

图 2-25

（2）此时，在选择的文件夹中出现刚刚保存的 Premiere Pro 项目文件，如图 2-26 所示。

图 2-26

实例：关闭项目文件

文件路径：第 2 章→实例：关闭项目文件

（1）项目保存完成后，可在菜单栏中选择【文件】→【关闭项目】命令，或使用关闭项目快捷键 Ctrl+Shift+W，如图 2-27 所示。此时 Premiere Pro 2024 界面中的项目文件被关闭，如图 2-28 所示。

图 2-27

图 2-28

（2）若在 Premiere Pro 2024 中同时打开多个项目文件，关闭时可选择【文件】→【关闭所有项目】命令，如图 2-29 所示。此时 Premiere Pro 2024 中打开的所有项目被同时关闭，如图 2-30 所示。

图 2-29 图 2-30

2.3 编辑素材文件的操作

在操作 Premiere Pro 2024 时，基础是素材。通过对其进行不同的整理分组方式以及嵌入式处理，可以轻松且易于管理地呈现素材信息，而这种方式也可以让用户更便捷地查找和组织相关内容。

实例：打包素材文件

文件路径：第 2 章→实例：打包素材文件

扫一扫，看视频

在制作文件时，经常会将文件进行备份或将其移动到其他位置，而在移动位置后，通常会出现素材丢失的现象，所以需要将文件进行打包处理，方便该文件移动位置后的再次操作。

（1）打开素材文件"实例：打包素材文件 .prproj"，如图 2-31 所示。

图 2-31

（2）在 Premiere Pro 2024 的菜单栏中选择【文件】→【项目管理】命令，会弹出【项目管理器】对话框，如图 2-32 所示。在该对话框中选中 1 复选框，因为该序列是需要应用的序列文件，然后在【生成项目】下选择【收集文件并复制到新位置】单选按钮，单击【浏览】按钮选择文件的目标路径。

（3）此时在所选择的路径文件夹中即可显示打包的素材文件，如图 2-33 所示。

图 2-32

图 2-33

实例：编组素材文件

文件路径：第 2 章→实例：编组素材文件

通过对多个素材编组处理，可使多个素材文件形成一个整体，从而同时进行选择或添加效果。

（1）在菜单栏中选择【文件】→【新建】→【项目】命令，在弹出的【导入】对话框中设置【项目名】，并单击【项目位置】后面的保存路径进行设置，如图 2-34 所示。在【项目】面板空白处右击，选择【新建项目】→【序列】命令，在弹出的【新建序列】对话框中选择 DV-PAL 文件夹下的标准 48kHz，如图 2-35 所示。

图 2-34

图 2-35

（2）在【项目】面板的空白处双击或使用快捷键 Ctrl+I，在弹出的【导入】对话框中选择全部素材，单击【打开】按钮导入素材，如图 2-36 所示。

（3）在【项目】面板中选择 1.jpg、2.jpg 素材文件并将它们拖曳到 V1 轨道上，如图 2-37 所示。

图 2-36

图 2-37

（4）将 1.jpg、2.jpg 素材文件进行编组操作，方便为素材添加相同的视频效果。选中 1.jpg、2.jpg 素材文件，右击，选择【编组】命令，如图 2-38 所示。编组后这两个素材文件可同时进行选择或移动，如图 2-39 所示。

图 2-38

图 2-39

实例：嵌套素材文件

扫一扫，看视频

文件路径：第 2 章→实例：嵌套素材文件

在操作过程中，将【时间轴】面板中的一个或多个素材文件以嵌套的方式转换为一个素材文件，便于素材的操作与归纳。

（1）在菜单栏中选择【文件】→【新建】→【项目】命令，在弹出的【导入】窗口中设置【项目名】，并单击【项目位置】后面的保存路径进行设置，如图 2-40 所示。使用快捷键 Ctrl+N 弹出【新建序列】对话框，并在弹出的对话框中选择 DV-PAL 文件夹下的标准 48kHz，如图 2-41 所示。

图 2-40

图 2-41

（2）在【项目】面板的空白处双击或使用快捷键 Ctrl+I，导入 1.jpg 和 2.jpg 素材文件，如图 2-42 所示。

图 2-42

（3）在【项目】面板中依次选择 1.jpg 和 2.jpg 素材文件，并将它们拖曳到 V1 轨道上，如图 2-43 所示。

（4）将素材进行嵌套。框选 V1 轨道上的 1.jpg 和 2.jpg 素材文件，右击，选择【嵌套】命令，在弹出的【嵌套序列名称】对话框中设置合适的名称，如图 2-44 所示。在【时间轴】面板中得到嵌套序列 01 图层，如图 2-45 所示。

图 2-43

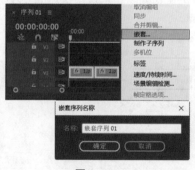

图 2-44

图 2-45

（5）嵌套序列是指把处理过的多个素材合并成一个新的完整的序列以方便后期运用，已经处理过的素材不会消失，双击嵌套的序列即可打开图层，继续进行处理操作，如图 2-46 所示。

图 2-46

实例：重命名素材

文件路径：第 2 章→实例：重命名素材

将导入的素材图片步骤以 1.jpg、2.jpg 的名称顺序进行排列，在操作时可使步骤思路更加清晰，同时便于素材的整理。

（1）在菜单栏中选择【文件】→【新建】→【项目】命令，在弹出的【导入】对话框中设置【项

扫一扫，看视频

目名】，并单击【项目位置】后面的保存路径进行设置，如图 2-47 所示。在【项目】面板的空白处右击，选择【新建项目】→【序列】命令，在弹出的【新建序列】对话框中选择 DV-PAL 文件夹下的标准 48kHz，如图 2-48 所示。

图 2-47

图 2-48

（2）在【项目】面板的空白处双击或使用快捷键 Ctrl+I 导入"动物 .jpg"和"食物 .jpg"素材文件，如图 2-49 所示。

图 2-49

（3）为了便于操作，将素材重命名。右击选择"食物 .jpg"素材文件，在弹出的快捷菜单中选择【重命名】命令，如图 2-50 所示。

（4）为素材重新编辑名称 1.jpg，如图 2-51 所示，输入完成后单击【项目】面板的空白位置，即可完成重命名。另外一种方法是直接在【项目】面板中选择素材文件，这里选择"动物 .jpg"素材文件，在素材名称上单击即可为素材文件重新命名，如图 2-52 所示。

图 2-50

图 2-51

图 2-52

实例：替换素材

文件路径：第 2 章→实例：替换素材

若为某个素材添加了效果，并修改了参数后，又想更换该素材时，可以使用【替换素材】命令，该命令在替换素材的同时会保留原来素材的效果。另外，由于素材的路径被更改、素材被删掉等问题导致素材无法识别时，也可使用该方法。

扫一扫，看视频

（1）在菜单栏选择【文件】→【新建】→【项目】命令，在弹出的【导入】对话框中设置【项目名】，并单击【项目位置】后面的保存路径进行设置，如图 2-53 所示。

（2）在【项目】面板的空白处双击或按快捷键 Ctrl+I，选择 1.jpg 素材文件，然后单击【打开】按钮进行导入，如图 2-54 所示。

（3）将【项目】面板中的 1.jpg 素材文件拖曳到 V1 轨道上，如图 2-55 所示。

图 2-53

图 2-54

图 2-55

（4）此时在【节目监视器】中的图像如图 2-56 所示。

（5）下面替换素材。在【项目】面板中右击选择 1.jpg 素材文件，在弹出的快捷菜单中选择【替换素材 ...】命令，如图 2-57 所示。此时会弹出一个【替换"1.jpg"素材】对话框，在该对话框中选择 2.jpg 素材文件，如图 2-58 所示。

图 2-56

图 2-57

图 2-58

中文版 Premiere Pro 实用教程（案例视频版）

（6）此时【项目】面板中的 1.jpg 素材文件被替换为 2.jpg 素材文件，如图 2-59 所示。画面效果不发生变化，如图 2-60 所示。

图 2-59　　　　　　　　　　　图 2-60

△ 技巧提示：如果由于更换素材位置、误删素材、修改素材名称导致打开文件时出现提示错误，怎么办？

如果由于更换素材位置、误删素材、修改素材名称导致打开文件时出现提示错误，如图 2-61 所示，那么可以按照以下方法进行修改。

图 2-61

（1）单击【脱机】按钮，如图 2-62 所示。

图 2-62

（2）此时已经进入 Premiere Pro 2024 界面，可发现【节目监视器】面板和【时间轴】面板中的素材都显示为红色，说明该素材没有找到，如图 2-63 所示。

（3）在【项目】面板中对缺失的素材右击，在弹出的快捷菜单中选择【替换素材】命令，如图 2-64 所示。

028

图 2-63   图 2-64

（4）在弹出的对话框中单击缺失的素材（如果缺失的素材已经找不到了，选择一个类似的素材也可以），单击【选择】按钮，如图 2-65 所示。

图 2-65

（5）此时可以看到缺失的素材已经被找到，并且文件被自动正确打开，如图 2-66 所示。

图 2-66

实例：失效和启用素材

文件路径：第 2 章→实例：失效和启用素材

在打开制作完成的工程文件时，有时会由于压缩或转码导致素材文件失效。本实例主要讲解如何恢复启用素材。

扫一扫，看视频

（1）在菜单栏中选择【文件】→【新建】→【项目】命令，在弹出的【导入】对话框中设置【项目名】，并单击【项目位置】后面的保存路径进行设置，如图2-67所示。在【项目】面板的空白处右击，选择【新建项目】→【序列】命令，在弹出的【新建序列】对话框中的DV-PAL文件夹下选择标准48kHz，如图2-68所示。

图 2-67

图 2-68

（2）在【项目】面板的空白处双击或使用快捷键Ctrl+I，单击【打开】按钮，导入1.jpg和2.jpg素材文件，如图2-69所示。

（3）将【项目】面板中的1.jpg和2.jpg素材文件分别拖曳到【时间轴】面板中的V1和V2轨道上，如图2-70所示。

图 2-69

图 2-70

（4）若在操作中暂时用不到2.jpg素材文件，可右击选择该素材，在弹出的快捷菜单中取消勾选【启用】复选框，如图2-71所示。

（5）在【时间轴】面板中可以看到失效的素材文件变为深紫色，如图2-72所示。此时V1轨道的2.jpg素材文件失效，此时在【节目监视器】面板中显示V1轨道中的1.jpg素材文件，如图2-73所示。

图 2-71

图 2-72

图 2-73

（6）若想再次启用该素材，可右击 V2 轨道上的 2.jpg 素材文件，在弹出的快捷菜单中选择【启用】命令，如图 2-74 所示。此时画面会重新显示出来，如图 2-75 所示。

图 2-74

图 2-75

实例：链接和取消视、音频链接

文件路径：第 2 章→实例：链接和取消视、音频链接

扫一扫，看视频

通常情况下，在使用摄像机录制视频时，音频和视频链接在一起不方便剪辑，有时需要只使用拍摄的视频或录制的音频，那就要将视频和音频分开。本实例主要练习"链接和取消视、音频链接"的方法。

（1）在菜单栏中选择【文件】→【新建】→【项目】命令，在弹出的【导入】对话框中设置【项目名】，并单击【项目位置】后面的保存路径进行设置，如图 2-76 所示。

图 2-76

（2）在【项目】面板的空白处双击或使用快捷键 Ctrl+I，导入 1.mp4 素材文件，如图 2-77 所示。

（3）按住鼠标左键将【项目】面板中的 1.mp4 素材文件拖曳到【时间轴】面板中，如图 2-78 所示。

（4）此时素材文件出现在【时间轴】面板中，画面效果如图 2-79 所示。

（5）由于摄像机在录制视频、音频时是同步进行的，视频和音频通常以链接的形式出现。一般情况下只需视频文件，所以要将音频文件删除，此时会用到取消链接操作。右击选择 1.mp4 素材文件，在弹出的快捷菜单中选择【取消链接】命令，如图 2-80 所示。

（6）此时【时间轴】面板中的视、音频素材文件可单独进行编辑。选择 A1 轨道上的素材文件，按 Delete 键将其删除，如图 2-81 所示。

图 2-77 图 2-78

图 2-79 图 2-80 图 2-81

扫一扫，看视频

2.4 课堂演练：设置素材播放速度

文件路径：第 2 章→课堂演练：设置素材播放速度

选择【速度 / 持续时间】命令，即可改变素材的播放速度，使素材的持续时间变长或变短。

（1）在菜单栏中选择【文件】→【新建】→【项目】命令，在弹出的【导入】对话框中设置【项目名】，并单击【项目位置】后面的保存路径进行设置，如图 2-82 所示。在【项目】面板的空白处右击，选择【新建项目】→【序列】命令，在弹出的【新建序列】对话框中选择 DV-PAL文件夹下的标准 48kHz，如图 2-83 所示。

图 2-82 图 2-83

（2）在【项目】面板的空白处双击或使用快捷键 Ctrl+I 导入 1.mp4 素材文件，如图 2-84 所示。

（3）按住鼠标左键将【项目】面板中的 1.mp4 素材文件拖曳到【时间轴】面板中，如图 2-85 所示。

图 2-84　　　　　　　　　　　　　　　　　　　图 2-85

（4）选择 V1 轨道素材，在弹出的快捷菜单中选择【速度 / 持续时间】命令，在弹出的【剪辑速度 / 持续时间】对话框中将【速度】更改为 500%，如图 2-86 所示。滑动时间线查看画面效果，此时素材的持续时间缩短，播放速度变快，如图 2-87 所示。

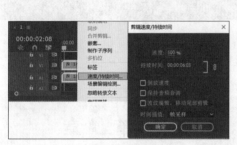

图 2-86　　　　　　　　　　　　　　　　　　　图 2-87

2.5　随堂测试

1. 知识考察

（1）导入不同格式的素材文件、新建项目等。

（2）编辑素材文件。

2. 实战演练

新建项目并导入视频素材文件。

3. 项目实操

以"美食电子相册"为主题制作一个视频。

要求：

（1）美食类照片三幅以上。

（2）将素材文件导入 Premiere Pro 2024 的【时间轴】面板中，并修改每幅照片的时长。

视频剪辑

第 **3** 章

◀》 **学时安排**

总学时: 8 学时

理论学时: 2 学时

实践学时: 6 学时

◀》 **教学内容概述**

视频剪辑是对视频进行非线性编辑的一种方式。在剪辑过程中可将加入的图片、配乐、特效等素材与视频进行重新组合，以分割、合并等方式生成更精彩的、全新的视频。本章主要介绍视频剪辑的基本流程、剪辑工具的使用方法及剪辑在视频制作中的实际应用等。

◀》 **教学目标**

● 认识视频剪辑

● 了解剪辑的基本流程

● 了解与剪辑相关的工具

● 掌握剪辑在视频制作中的实际应用

3.1 认识视频剪辑

剪辑的主要目的是对所拍摄的镜头进行分割、取舍、组接，重新排列组合为一个有节奏、有故事性的作品。本节将介绍 Premiere Pro 2024 中与视频剪辑相关的主要知识。

3.1.1 剪辑的概念

"剪辑"可理解为裁剪、编辑。它是视频制作中必不可少的一道工序，在一定程度上决定着作品质量的好坏。"剪"和"辑"是相辅相成的，二者不可分离。其本质是通过视频中主体动作的分解组合来完成视觉效果，从而表现故事情节，完成内容叙述。

3.1.2 蒙太奇

提到剪辑，就必须要了解"蒙太奇"。"蒙太奇"的中文意思为"剪接"，是指将视频影片通过画面或声音进行组接，从而用于叙事、创造节奏和营造氛围、刻画情绪。可以通过按时间先后或者进行非线性的剪切来制作不同的效果，如回溯式、循环或快慢变化的剪辑风格。比如，电影中将多个平行时间发生的事件一起展现给观众，或者将刺激动态的镜头突然转变为缓慢静止的画面。这些都会使观众产生心理的波动和不同的感受。

常见的电影剪辑手法有：平行蒙太奇、交叉蒙太奇、颠倒蒙太奇、连续蒙太奇和重复蒙太奇等。

3.1.3 剪辑的节奏感

剪辑的节奏感可影响作品的叙事方式和视觉感受，能够推动画面情节的发展。常见的剪辑节奏可分为以下 5 种方法。

1. 静接静

"静接静"是指在一个动作结束时另一个动作以静的形式切入，通俗来讲就是上一帧结束在静止的画面，下一帧以静止的画面开始。"静接静"同时还包括场景转换和镜头组接等。它不强调视频运动的连续性，更多注重的是镜头的连贯性。

2. 动接动

"动接动"是指在镜头运动中通过推、拉、移等动作进行主体物的切换，以接近的方向或速度进行镜头组接，从而产生动感效果。如人物的运动、景物的运动等，借助此类素材进行动态组接，如图 3-1 所示。

图 3-1

3. 静接动→动接静

"静接动"是指动感微弱的镜头与动感明显的镜头进行组接,在节奏上和视觉上具有很强的推动感。"动接静"与"静接动"相反,同样会产生抑扬顿挫的画面感觉,如图 3-2 所示。

图 3-2

4. 分剪

"分剪"的字面意思为将一个镜头剪开,分成多个部分。它不仅可以弥补在前期拍摄中素材不足的情况,还可以剪掉画面中因卡顿、忘词等导致的废弃镜头,从而增强画面的节奏感,如图 3-3 所示。

图 3-3

5. 拼剪

"拼剪"是指将同一个镜头重复拼接的方法,通常在镜头不够长或缺失素材时可使用该方法来弥补前期拍摄的不足,该方法具有延长镜头时间、酝酿观众情绪的作用,如图 3-4 所示。

图 3-4

3.1.4 剪辑流程

制作一个视频,需要拍摄大量的视频片段,就会涉及挑选视频、剪辑视频等操作。为了操作更规范,在 Premiere Pro 2024 中剪辑常分为整理素材、初剪、精剪和完善 4 个流程。

1. 整理素材

前期的素材整理对后期剪辑有非常大的帮助。通常在拍摄时会将一个故事情节进行分段拍摄，拍摄完成后浏览所有素材，留取其中可用的素材文件，并添加标记便于二次查找。然后可以按脚本、景别、角色将素材进行分类排序，将相同属性的素材文件存放在一起。整齐有序的素材文件可提高剪辑效率和影片质量，并且可以显示出剪辑的专业性，如图 3-5 所示。

图 3-5

2. 初剪

初剪又称为粗剪，将整理完成的素材文件按脚本进行归纳、拼接，并按照影片的中心思想、叙事逻辑逐步剪辑，从而粗略剪辑成一个无配乐、旁白、特效的影片初样。以初样作为影片的雏形，再一步步去制作整个影片，如图 3-6 所示。

图 3-6

3. 精剪

精剪是影片中最重要的一道剪辑工序，是在初剪的基础上进行的剪辑操作，取精去糟。在镜头的修整、声音的修饰到文字的添加与特效合成等方面都要花费大量时间，精剪可以通过调节视频长度来达到控制画面的效果，同时还可以运用不同的分切和过渡方式增加电影的亮点以及提升整部作品的质量，如图 3-7 所示。

图 3-7

4. 完善

完善作为剪辑影片的收尾工序，不仅强调细节的精雕细琢，更聚焦于对影片韵律感的细致打磨与把控。通常在该步骤会将导演的情感、剧本的故事情节及观众的视觉追踪注入整体架构中，使整个影片更有故事性和看点，如图 3-8 所示。

图 3-8

3.2　剪辑工具

在 Premiere Pro 2024 中将镜头进行删减、组接、重新编排可形成一个完整的视频影片。接下来讲解几个在剪辑中经常使用的工具。

【工具】面板中包括【向前选择轨道工具】【波纹编辑工具】等工具，如图 3-9 所示。其中部分工具在视频剪辑中的应用十分广泛。

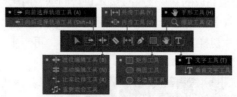

图 3-9

3.2.1　选择工具

▶（选择工具），快捷键为 V。顾名思义，它是选择对象的工具，在 Premiere Pro 2024 中可用于选择素材、图形、文字等对象，可以单击选择或按住鼠标左键拖曳。

若想将【项目】面板中的素材文件导入【时间轴】面板中，可单击工具箱中的▶（选择工具）按钮，在【项目】面板中将鼠标指针定位在素材文件上，按住鼠标左键将素材文件拖动到【时间轴】面板中，如图 3-10 所示。

图 3-10

3.2.2　向前 / 向后选择轨道工具

▶（向前选择轨道工具）/ ◀（向后选择轨道工具），快捷键为 A/Shift+A，可用于选择目标文件左侧或右侧同轨道上的所有素材文件。当【时间轴】面板中的素材文件过多时，使用该工具选择文件更加方便快捷。

（1）以▶（向前选择轨道工具）为例，若要选择 V1 轨道上 1.png 素材文件后面的所有文件，单击▶按钮，再单击【时间轴】面板中的 2.png 素材文件，如图 3-11 所示。

（2）此时 1.png 素材文件后面的文件全部被选中，如图 3-12 所示。

图 3-11

图 3-12

3.2.3　波纹编辑工具

　　✦（波纹编辑工具），快捷键为B，可调整选中素材文件的持续时间，在调整素材文件时素材文件的前面或后面可能会出现空位，此时相邻的素材会自动向前移动填补空位。

　　调整V1轨道上1.jpg素材文件的持续时间，将长度适当缩短。首先单击✦（波纹编辑工具）按钮，将鼠标指针定位在1.jpg和2.jpg素材文件的中间，当鼠标指针变为▐█形状时，按住鼠标左键向左侧拖动，如图3-13所示。此时1.jpg素材文件后面的所有文件会自动向前跟进，如图3-14所示。

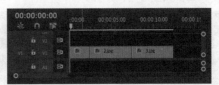

图 3-13　　　　　　　　　　　　　　图 3-14

3.2.4　滚动编辑工具

　　⊞（滚动编辑工具），快捷键为N。在素材文件总长度不变的情况下，可控制各素材文件本身的长度，并可适当调整剪切点。

　　（1）选择V1轨道上的1.jpg素材文件，若想将该素材文件的长度加长，可单击⊞（滚动编辑工具）按钮，将鼠标指针定位在1.jpg素材文件上，按住鼠标左键向右侧拖曳，如图3-15所示。

　　（2）在不改变素材文件总长度的情况下，此时1.jpg素材文件变长，而相邻的2.jpg素材文件的长度会相对缩短，如图3-16所示。

图 3-15　　　　　　　　　　　　　　图 3-16

3.2.5　比率拉伸工具

　　▐（比率拉伸工具），可以改变【时间轴】面板中素材的播放速率，更便于视频的剪辑。

　　单击▐（比率拉伸工具）按钮，当鼠标指针变为▐时，按住鼠标左键向右侧拉长，如图3-17所示。此时该素材文件的播放时间变长，播放速率变慢，如图3-18所示。

图 3-17　　　　　　　　　　　图 3-18

3.2.6 剃刀工具

▧（剃刀工具），快捷键为 C，可将一段视频裁剪为多个视频片段，按住 Shift 键可以同时剪辑多个轨道中的素材。

（1）单击▧按钮，将鼠标指针定位在素材文件上，按鼠标左键即可进行裁剪，如图 3-19 所示。裁剪完成后，该素材文件的每一段都可成为一个独立的素材文件，如图 3-20 所示。

（2）也可按住 Shift 键，同时裁剪多个轨道上的素材文件。此时不同轨道上的同一帧素材文件会同时被剪辑，如图 3-21 所示。

 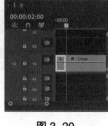 

图 3-19　　　　　　　　图 3-20　　　　　　　　　　图 3-21

3.2.7 其他剪辑工具

除【工具】面板外，也可在【时间轴】面板中的素材文件上右击，在弹出的快捷菜单中选择命令用于视频剪辑中。

1. 波纹删除

【波纹删除】命令能很好地提高工作效率，常与剃刀工具搭配使用。在剪辑时，通常会将废弃片段进行删除，使用【波纹删除】命令不用再移动其他素材来填补删除后的空白，它在删除的同时能将前后素材文件很好地连接在一起。

（1）单击文件▧（剃刀工具）按钮，将时间线滑动到合适的位置，在剪辑 1.jpg 素材文件上单击，此时 1.jpg 素材被分割为两部分，如图 3-22 所示。

（2）单击▧（选择工具）按钮，然后在后半部分的 1.jpg 素材文件上右击，在弹出的快捷菜单中选择【波纹删除】命令，如图 3-23 所示。此时 2.jpg 素材文件会自动向前跟进，如图 3-24 所示。

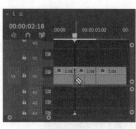  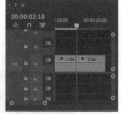

图 3-22　　　　　　　　　图 3-23　　　　　　　　　图 3-24

2. 取消链接

当素材文件中的视音频连接在一起时，单独针对视频或音频素材进行操作就会相对烦琐，此时需要解除音视频链接。

单击▶（选择工具）按钮，右击选择素材文件，在弹出的快捷菜单中选择【取消链接】命令，如图 3-25 所示。此时可以针对【时间轴】面板中的视频文件、音频文件进行单独移动或执行其他操作，如图 3-26 所示。

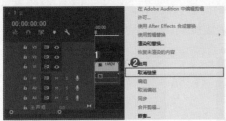

图 3-24 图 3-26

综合实例：高效率剪辑美食视频

文件路径：第 3 章→综合实例：高效率剪辑美食视频

本例主要使用 Q、W、Alt、Ctrl+K 和 Ctrl+R 等快捷键剪辑素材文件，制作美食视频。案例效果如图 3-27 所示。

扫一扫，看视频

（1）新建一个项目，然后导入需要的素材，将【项目】面板中的 1.mp4 素材文件拖动至【时间轴】面板中，自动生成序列，将其他素材依次拖曳到【时间轴】面板中的 V1 轨道上，并将所有的素材首尾相接，如图 3-28 所示。

（2）在【时间轴】面板中按住 Alt 键的同时，单击 A1 轨道上的 1.mp4 素材文件的音频部分，然后按 Delete 键删除，如图 3-29 所示。

（3）将时间线滑动至 3 秒位置处，在【时间轴】面板中选择 V1 轨道上的 1.mp4 素材文件，在英文输入法状态下，按 W 键，用【波纹删除】命令删除时间线后方的素材，如图 3-30 所示。

图 3-27

（4）依次选择 V1 轨道中的 2.mp4 和 3.mp4 素材文件，在【效果控件】面板中设置【缩放】为 50.0，如图 3-31 所示。

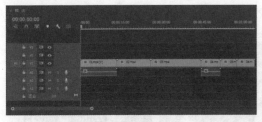

图 3-28 图 3-29

图 3-30

图 3-31

（5）在【时间轴】面板中单击 V1 轨道中的 2.mp4 素材文件，使用快捷键 Ctrl+R 打开【剪辑速度/持续时间】对话框，在该对话框中设置【速度】为 500%，选中【波纹编辑，移动尾部剪辑】复选框，单击【确定】按钮，如图 3-32 所示。

（6）将时间线滑动至 22 秒的位置处，在【时间轴】面板中单击 V1 轨道上的 3.mp4 素材文件，在英文输入法状态下，按 Q 键，波纹删除时间线前方的素材，如图 3-33 所示。

图 3-32　　　　　　　　　　图 3-33

（7）此时【时间轴】面板中的 3.mp4 素材文件，如图 3-34 所示。

（8）此时滑动时间线，画面效果如图 3-35 所示。

图 3-34　　　　　　　　　　图 3-35

（9）在【时间轴】面板中按住 Alt 键的同时，单击 A1 轨道中的 1.mp4 素材文件的音频部分，然后按 Delete 键删除，如图 3-36 所示。

（10）在【时间轴】面板中单击 V1 轨道中的 4.mp4 素材文件，使用快捷键 Ctrl+R 打开【剪辑速度/持续时间】对话框，在该对话框中设置【速度】为 250%，选中【波纹编辑，移动尾部剪辑】复选框，单击【确定】按钮，如图 3-37 所示。

（11）在【时间轴】面板中单击 V1 轨道中的 5.mp4 素材文件，将时间线滑动至 13 秒 08 帧的位置，在英文输入法状态下，按 C 键，然后在时间线上单击，将素材进行分割，如图 3-38 所示。

图 3-36　　　　　　图 3-37　　　　　　图 3-38

（12）使用【选择工具】选中时间线后面的 5.mp4 素材，使用快捷键 Shift+Delete 进行波纹删除，如图 3-39 所示。

（13）将时间线滑动至 16 秒 23 帧的位置，选择 6.mp4 素材文件，使用快捷键 Ctrl+K 进行裁剪，选择时间线前面的素材，使用快捷键 Shift+Delete 进行波纹删除，如图 3-40 所示。

（14）将时间线滑动至 1.mp4 和 2.mp4 素材文件连接位置单击，在不选中任何素材的状态下，使用快捷键 Ctrl+D 添加默认过渡效果，如图 3-41 所示。

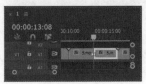  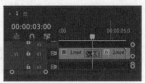

图 3-39　　　　　　　图 3-40　　　　　　　图 3-41

（15）使用同样的方法在其他素材之间添加过渡效果，如图 3-42 所示。

（16）至此，本案例制作完成，滑动时间线，画面效果如图 3-43 所示。

图 3-42　　　　　　　　　　图 3-43

△ 技巧提示：剪辑多轨道上的素材。

（1）快速裁剪同一时间所有轨道上的素材文件，可使用快捷键 C（剃刀工具），然后按住 Shift 键，在合适的时间单击"时间轴"面板中的素材文件，如图 3-44 所示。

图 3-44

（2）在利用快捷键快速剪辑同一时间某一个轨道中的素材文件时，可以取消其他轨道的同步锁定，激活目标切换轨道，就可以使用快捷键剪辑素材时间线前方或后方的素材。

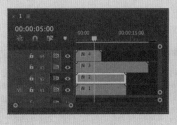 

图 3-45　　　　　　　　　图 3-46

3.3　在监视器面板中剪辑素材

在 Premiere Pro 中，【节目监视器】面板用来显示素材和编辑素材，【节目监视器】面板下面的各个小按钮提供了多种模式的监视、寻帧和设置出入点操作。

3.3.1　认识监视器面板

在 Premiere Pro 的【节目监视器】面板底部有各种编辑按钮。使用这些按钮可以更便捷地对所选素材进行操作，同时可以根据个人的习惯，通过单击该面板右下角的 ➕（按钮编辑器）按钮，自定义各个按钮的位置及显隐情况。图 3-47 所示为默认状态下的【节目监视器】面板。

- 添加标记：用于标注素材文件需要编辑的位置，快捷键为 M。
- 标记入点：定义操作区段的起始位置，快捷键为 I。
- 标记出点：定义操作区段的结束位置，快捷键为 O。
- 转到入点：单击该按钮，可将时间线快速移动到入点位置，快捷键为 Shift+I。
- 后退一帧：可使时间线向左侧移动一帧。
- 播放 / 停止切换：单击该按钮，可使素材文件进行播放或停止播放，快捷键为 Space。
- 前进一帧：可使时间线向右侧移动一帧。
- 转到出点：单击该按钮，可将时间线快速移动到出点位置，快捷键为 Shift+O。
- 提升：单击该按钮，可将出入点之间的区段自动裁剪掉，并且该区域以空白的形式呈现在【时间轴】面板中，后方视频素材不自动向前跟进，快捷键为 " ; "。
- 提取：单击该按钮，可将出入点之间的区段自动裁剪掉，素材后方的其他素材会随着剪辑自动向前跟进。
- 导出帧：可将当前帧导出为图片。在【导出帧】对话框中可以设置导出图片的名称、格式和路径。
- 按钮编辑器：可将监视器底部的按钮进行添加 / 删除等自定义操作，按钮编辑器如图 3-48 所示。

图 3-47

图 3-48

3.3.2 添加标记

编辑视频时在素材上添加标记，不仅便于素材位置的查找，同时还方便剪辑操作。当标记添加过多时，还可以为标记设置不同的颜色及注释，不仅避免了视线混淆，还能起到很好的提示作用。设置标记的方法有以下三种。

1. 在菜单栏中添加标记

在菜单栏中选择【标记】命令，在下拉菜单中即可为选择的素材文件添加标记或设置出入点等，如图 3-49 所示。

2. 在【源监视器】中添加标记

在【源监视器】面板下方单击 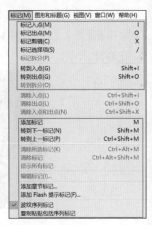（添加标记）按钮，或者使用快捷键 M 即可在【源监视器】面板中成功添加标记。

（1）双击【时间轴】面板中需要添加标记的素材文件，此时即可出现【源监视器】面板，在【源监视器】面板中拖动时间线滑块预览素材，并在需要做标记的位置单击 （添加标记）按钮，即可完成标记的添加，如图 3-50 所示。

（2）此时，在【时间轴】面板中所选素材的相同位置也会出现标记符号，如图 3-51 所示。

图 3-49

图 3-50

图 3-51

3. 在【节目监视器】中添加标记

（1）先将时间线滑动到需要添加标记的位置，然后单击【节目监视器】下面的 （添加标记）按钮，即可快速为素材添加标记，如图 3-52 所示。

（2）在【时间轴】面板中的序列上方的相同位置出现标记符号，如图 3-53 所示。

图 3-52

图 3-53

3.3.3 设置素材的入点和出点

素材的入点和出点是指为素材设置的开始时间位置和结束时间位置，也可理解为定义素材的操作区段。可通过此方法进行快速剪辑，并且在导出文件时会以该区段作为有效时间进行导出。

（1）在【时间轴】面板中将时间线拖动到合适的位置，单击 （标记入点）按钮或使用快捷键 I 可设置入点，如图 3-54 所示。此时在【时间轴】面板中的相同位置也会出现入点符号，如图 3-55 所示。

图 3-54 图 3-55

（2）滑动时间线，选择合适的位置，单击 （标记出点）按钮或使用快捷键 O 设置出点，如图 3-56 所示。此时在【时间轴】面板中的相同位置也会出现出点符号，如图 3-57 所示。

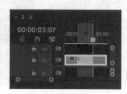

图 3-56 图 3-57

🔔 技巧提示: 在【源监视器】中为素材设置入点、出点。

（1）双击【时间轴】面板中的素材文件，如图 3-58 所示。此时会进入【源监视器】中，如图 3-59 所示。

图 3-58 图 3-59

（2）单击【源监视器】底部的 ▐ （标记入点）按钮，即可为素材添加入点，继续滑动时间线，单击 ▐ （标记出点）按钮，为素材添加出点，如图 3-60 所示。在【时间轴】面板中只保留入、出点之间的区段，入、出点以外部分将被删除，如图 3-61 所示。

图 3-60　　　　　　　　　图 3-61

3.3.4　提升和提取

在出入点设置完成后，出入点之间的区段可通过【提升】及【提取】命令进行剪辑操作。

1. 提升

单击【节目监视器】下面的 ▣ （提升）按钮或在菜单栏中选择【序列】→【提升】命令，此时入、出点之间的区段自动删除，删除区段以空白的形式呈现，如图 3-62 所示。

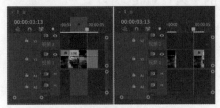

图 3-62

2. 提取

单击【节目监视器】下面的 ▣ （提取）按钮或在菜单栏中选择【序列】→【提取】命令，入、出点之间的区段在删除的同时后面的素材会自动向前跟进，如图 3-63 所示。

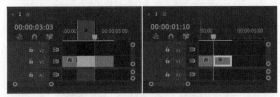

图 3-63

3.3.5　按钮编辑器

在 Premiere Pro 2024 中，使用【按钮编辑器】时可根据自己的习惯和喜好对按钮进行编辑和位置排序。单击 ✚（按钮编辑器）按钮，会弹出【按钮编辑器】界面，如图 3-64 所示。

以 ▦▢（切换多机位视图）按钮为例，若想将该按钮移动到【节目监视器】底部，首先在【按钮编辑器】中选择该按钮，然后按住鼠标左键将其拖曳到【节目监视器】底部的按钮中，如图 3-65 所示。

此时单击 ▦▢（切换多机位视图）按钮，在【节目监视器】中的素材文件上即可显示出边框，如图 3-66 所示。以同样的方式可移动【按钮编辑器】中的其他按钮。

图 3-64

图 3-65

图 3-66

综合实例：制作"美好的一天"Vlog

扫一扫，看视频

文件路径：第 3 章→综合实例：制作"美好的一天"Vlog

本案例使用【颜色遮罩】制作背景，使用文字工具制作文字，并将文字进行嵌套制作片头，使用矩形工具绘制图形制作边框，然后使用蒙版将素材局部显现出来，并为素材添加合适的关键帧动画。案例效果如图 3-67 所示。

图 3-67

1. 制作背景部分

（1）在菜单栏中选择【文件】→【新建】→【项目】命令创建一个项目，然后在菜单栏中选择【文件】→【新建】→【序列】命令，在弹出的【新建序列】对话框中单击【设置】选项卡，设置

【编辑模式】为自定义、【时基】为 25.00 帧 / 秒、【帧大小】为 1080、【水平】为 1920、【像素长宽比】为 "方形像素（1.0)"，如图 3-68 所示。

（2）在菜单栏中选择【文件】→【导入】命令，导入全部素材，如图 3-69 所示。

图 3-68　　　　　　　　　　　　　　图 3-69

（3）在【项目】面板的空白位置右击，在弹出的快捷菜单中选择【新建项目】→【颜色遮罩】命令，如图 3-70 所示。

（4）在弹出的【拾色器】对话框中设置【颜色】为青色，在弹出的【选择名称】面板中设置【选择新遮罩的名称】为背景，如图 3-71 所示。

图 3-70　　　　　　　　　　　　　　图 3-71

（5）将【项目】面板中的 "背景" 和 9.png 素材文件依次拖曳到【时间轴】面板中的 V1 和 V2 轨道上，并设置结束时间为 57 秒 16 帧，如图 3-72 所示。

（6）此时画面效果如图 3-73 所示。

图 3-72　　　　　　　　　　图 3-73

（7）在【时间轴】面板中选中 V1 和 V2 轨道上的图层，右击并在弹出的快捷菜单中选择【嵌套】命令，在弹出的对话框中设置【名称】为 "背景"，如图 3-74 所示。

（8）将时间线滑动至 7 秒的位置，设置嵌套序列【背景】的结束时间为 7 秒，如图 3-75 所示。

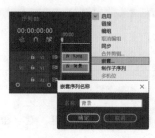

图 3-74　　　　　　　　　　图 3-75

2. 制作片头部分

（1）将时间线滑动至起始位置，单击【工具】面板中的【文本工具】按钮，在【节目监视器】面板中输入文本，如图 3-76 所示。

（2）选择 V2 轨道中的文本图层，设置结束时间为 1 秒 20 帧，如图 3-77 所示。

图 3-76　　　　　　　　　　图 3-77

（3）在【效果控件】面板中展开【文本】→【源文本】效果，设置合适的字体和字号，单击【居中对齐文本】按钮，设置【填充颜色】为白色；展开【变换】效果，设置【位置】为（553.7，820.0），如图 3-78 所示。

（4）此时画面文本效果如图 3-79 所示。

（5）将时间线滑动至起始位置，将【项目】面板中的 10.png 素材文件拖曳到 V3 轨道上，并设置结束时间为 1 秒 20 帧，如图 3-80 所示。

（6）选中 V3 轨道中的 10.png 素材文件，在【效果控件】面板中展开【运动】效果，设置【位置】为（223.4，796.9）、【缩放】为 40.0。将时间线滑动至起始位置，单击【旋转】前面的🕐（切换动画）按钮，设置【旋转】为 0.0°，如图 3-81 所示；将时间线滑动至 1 秒 10 帧的位置，设置【旋转】为 362.0°。

图 3-78　　　　　　　　　　图 3-79

图 3-80　　　　　　　　图 3-81

（7）此时画面效果如图 3-82 所示。

（8）选择 V2、V3 轨道中的文字和素材图层，右击，在弹出的快捷菜单中执行【嵌套】命令，在弹出的【嵌套序列名称】对话框中设置【名称】为"片头"，如图 3-83 所示。

（9）选择 V2 轨道中的片头嵌套序列，将该嵌套序列的结束时间设置为 1 秒 15 帧，如图 3-84 所示。

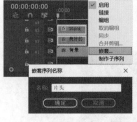

图 3-82　　　　　　图 3-83　　　　　　图 3-84

（10）选择 V2 轨道中的片头嵌套序列，在【效果控件】面板中展开【运动】效果，如图 3-85 所示。将时间线滑动至起始位置，单击【旋转】前面的 （切换动画）按钮，设置【旋转】为 9.0°；将时间线滑动至 5 帧的位置处，设置【旋转】为 -8.0°；将时间线滑动至 10 帧的位置，设置【旋转】为 10.0°；将时间线滑动至 15 帧的位置，设置【旋转】为 -11.0°；将时间线滑动至 20 帧的位置，设置【旋转】为 11.0°；将时间线滑动至 25 帧的位置；设置【旋转】为 0.0°。展开【不透明度】，将时间线滑动至 1 秒 10 帧的位置，单击【不透明度】前面的 （切换动画）按钮，设置【不透明度】为 100.0；然后将时间线滑动至 1 秒 15 帧的位置，设置【不透明度】为 0。

（11）此时滑动时间线，画面效果如图 3-86 所示。

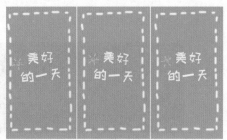

图 3-85　　　　　　　　　　图 3-86

3. 制作图片部分

（1）将时间线滑动至 1 秒 15 帧的位置，在不选中任何图层的状态下，单击【工具】面板中的【矩形工具】按钮，在【节目监视器】面板中绘制图形，如图 3-87 所示。

051

（2）选择 V2 轨道中的图形图层，将图形图层的结束时间设置为 11 秒，如图 3-88 所示。

图 3-87　　　　　　　　　图 3-88

（3）选择 V2 轨道中的图形图层，在【效果控件】面板中展开【形状】→【外观】效果，取消选中【填充】复选框，选中【描边】复选框，设置【描边颜色】为黄色、【描边宽度】为 49.0、【描边类型】为外侧；展开【变换】效果，设置【位置】为（465.5,957.5）、【锚点】为（294.5, 440.5），如图 3-89 所示。

（4）此时画面效果如图 3-90 所示。

图 3-89　　　　　　　　　图 3-90

（5）将时间线滑动至 1 秒 15 帧的位置，将【项目】面板中的 1.mp4 素材文件拖曳到【时间轴】面板中的 V3 轨道上，如图 3-91 所示。

（6）选择 V3 轨道中的 1.mp4 素材文件，在【效果控件】面板中展开【运动】效果，设置【缩放】为 37.0；展开【不透明度】效果，单击【创建 4 点多边形蒙版】按钮，如图 3-92 所示。

图 3-91　　　　　　　　　图 3-92

（7）在【节目监视器】面板中调整蒙版的形状和位置，如图 3-93 所示。

（8）选择 V2、V3 轨道的图层，右击，在弹出的快捷菜单中选择【嵌套】命令，在弹出的【嵌套序列名称】对话框中设置【名称】为 1，如图 3-94 所示。

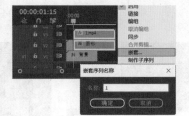

图 3-93   图 3-94

（9）在【时间轴】面板中选择 V2 轨道中的嵌套序列 1，设置结束时间为 4 秒 05 帧，如图 3-95 所示。

（10）在【效果控件】面板中展开【运动】效果，设置【位置】为（586.6，633.8）、【旋转】为 8.0°。然后展开【不透明度】效果，将时间线滑动至 1 秒 15 帧的位置，单击【不透明度】前面的 （切换动画）按钮，设置【不透明度】为 0.0%，如图 3-96 所示；将时间线滑动至 1 秒 20 帧的位置，设置【不透明度】为 100.0%。

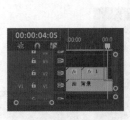

图 3-95   图 3-96

（11）此时滑动时间线，画面效果如图 3-97 所示。

（12）使用同样的方法制作其他图形及素材动画效果，并将其进行嵌套，此时滑动时间线，画面效果如图 3-98 所示。

图 3-97   图 3-98

（13）选择 V2、V3、V4 和 V5 轨道中的嵌套序列图层，右击，在弹出的快捷菜单中选择【嵌套】命令，在弹出的【嵌套序列名称】对话框中设置【名称】为"图片"，如图 3-99 所示。

（14）在【效果】面板中搜索【白场过渡】效果，并将该效果拖曳到嵌套序列【图片】的结束位置，如图 3-100 所示。

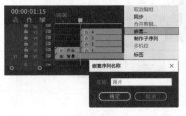

图 3-99   图 3-100

（15）选中添加的【白场过渡】效果，在【效果控件】面板中设置【持续时间】为 15 帧，如图 3-101 所示。

（16）将时间线滑动至 4 秒 05 帧的位置，在不选中任何图层的状态下，单击【工具】面板中的【矩形工具】，在【节目监视器】面板中绘制一个矩形，如图 3-102 所示。

（17）选择 V2 轨道中的【图形】图层，设置结束时间为 6 秒，如图 3-103 所示。

图 3-101   图 3-102   图 3-103

（18）选择 V2 轨道中的【图形】图层，在【效果控件】面板中展开【矢量运动】效果，设置【旋转】为 8.0°；展开【形状】→【外观】效果，设置【填充颜色】为白色，如图 3-104 所示。

（19）此时画面效果如图 3-105 所示。

图 3-104   图 3-105

（20）将时间线滑动至 4 秒 05 帧的位置，将【项目】面板中的 5.mp4、6.mp4 和 7.mp4 素材文件拖曳到【时间轴】面板中的 V3 轨道上，如图 3–106 所示。

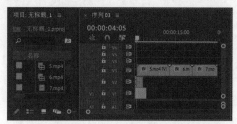

图 3–106

（21）选中 V3 轨道中的 5.mp4、6.mp4 和 7.mp4 素材文件，右击，在弹出的快捷菜单中单击【速度 / 持续时间】命令，如图 3–107 所示。

（22）在弹出的【剪辑速度 / 持续时间】对话框中设置【持续时间】为 15 帧，选中【波纹编辑，移动尾部剪辑】复选框，如图 3–108 所示。

图 3–107   图 3–108

（23）此时滑动时间线，画面效果如图 3–109 所示。

（24）选择 V3 轨道中的 5.mp4 素材，文件在【效果控件】面板中展开【运动】效果，设置【位置】为（544.3，861.4）、【缩放】为 47.0、【旋转】为 –2°，如图 3–110 所示。

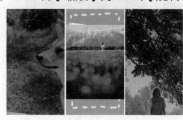

图 3–109   图 3–110

（25）展开【不透明度】效果，单击【创建 4 点多边形】按钮，如图 3–111 所示。

（26）在【节目监视器】面板中调整蒙版的形状和位置，如图 3–112 所示。

图 3–111   图 3–112

（27）使用同样的方法制作 6.mp4 和 7.mp4 素材文件，此时滑动时间线，画面效果如图 3-113 所示。

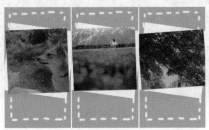

图 3-113

4. 制作片尾部分

（1）将时间线滑动至 6 秒的位置，将【项目】面板中的 8.mp4 素材文件拖曳到【时间轴】面板中的 V2 轨道上，如图 3-114 所示。

图 3-114

（2）将时间线滑动至 7 秒的位置，选择 V2 轨道中的 8.mp4 素材文件，使用快捷键 Ctrl+K 进行裁剪，选中时间线后面的素材，按 Delete 键删除，如图 3-115 所示。

（3）选中 V2 轨道中的 8.mp4 素材文件，在【效果控件】面板中展开【运动】效果，设置【缩放】为 40.0，如图 3-116 所示。

图 3-115 　　　　　　　图 3-116

（4）此时画面效果如图 3-117 所示。

（5）将时间线滑动至 6 秒的位置，在不选中任何图层的状态下，单击【工具】面板中的【矩形工具】，在【节目监视器】面板中绘制一个矩形，如图 3-118 所示。

图 3-117 　　　　　　　图 3-118

（6）选择 V3 轨道中的【图形】图层，将【图形】图层的结束时间设置为 7 秒，如图 3-119 所示。

（7）在【效果控件】面板中展开【形状】→【外观】效果，不选中【填充】复选框，然后选中【描边】复选框，设置【描边宽度】为 49.0、【描边类型】为外侧，如图 3-120 所示。

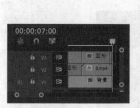 

图 3-119   图 3-120

（8）此时画面效果如图 3-121 所示。

（9）将时间线滑动至 4 秒 05 帧的位置，将【项目】面板中的 10.png 素材文件拖曳到【时间轴】面板的 V4 轨道上，并设置结束时间与视频结束时间相同，如图 3-122 所示。

（10）选中 V4 轨道中的 10.png 素材文件，在【效果控件】面板中展开【运动】效果，设置【位置】为（832.5，288.5），如图 3-123 所示。

（11）此时画面效果如图 3-124 所示。

（12）将时间线滑动至 4 秒 05 帧的位置，在不选中任何图层的状态下，单击【工具】面板中的【文字工具】，在【节目监视器】面板中输入文本，如图 3-125 所示。

图 3-121

图 3-122   图 3-123

图 3-124   图 3-125

（13）选择 V5 轨道中的文字图层，将文字图层的结束时间设置为 7 秒，如图 3-126 所示。

（14）在 V5 轨道中的文字图层处于选中状态下，在【效果控件】面板中展开【文本】→【源文本】效果，设置字体和字号，设置【填充颜色】为黄色；展开【变换】效果，设置【位置】为（236.0，1601.5），如图 3-127 所示。

（15）至此，案例完成，滑动时间线查看案例效果，如图 3-128 所示。

图 3-126　　　　　　　　图 3-127　　　　　　　　图 3-128

综合实例：制作"出行日记"旅行类短视频

扫一扫，看视频

文件路径：第 3 章→综合实例：制作"出行日记"旅行类短视频

本案例使用【矩形工具】制作图形，使用【基本图形】面板更改图形属性，然后为图形添加【轨道遮罩键】效果，使用【文字工具】制作文字并为文字添加蒙版和视频效果，案例效果如图 3-129 所示。

图 3-129

1. 制作片头部分

（1）在菜单栏中选择【文件】→【新建】→【项目】命令创建一个项目，然后在菜单栏中选择【文件】→【新建】→【序列】命令，在弹出的【新建序列】对话框中单击【设置】选项卡，设置【编辑模式】为自定义、【时基】为 59.94 帧→秒、【帧大小】为 2560、【水平】为 1440、【像素长宽比】为方形像素（1.0），如图 3-130 所示。

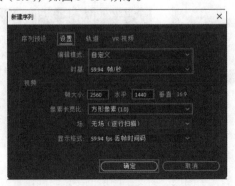

图 3-130

（2）在菜单栏中选择【文件】→【新建】→【黑场视频】命令，如图 3-131 所示。

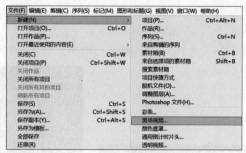

图 3-131

（3）在弹出的【新建黑场视频】对话框中进行设置，如图 3-132 所示。

（4）将【项目】面板中的【黑场视频】拖曳到 V1 轨道上，并设置结束时间为 11 秒，如图 3-133 所示。

图 3-132

图 3-133

（5）在菜单栏中选择【文件】→【导入】命令，在弹出的【导入】对话框中选中所有素材，单击【打开】按钮，如图 3-134 所示。

图 3-134

（6）将时间线滑动至起始位置，将【项目】面板中的 1.mp4 素材文件拖曳到 V2 轨道上，如图 3-135 所示。

（7）将时间线滑动到 40 帧的位置，选中 1.mp4 素材文件并使用快捷键 Ctrl+K 进行裁剪，选择时间线后面的素材文件，按 Delete 键删除，如图 3-136 所示。

图 3-135

图 3-136

（8）将时间线滑动至起始位置，在【工具】面板中单击【矩形工具】按钮，在【节目监视器】面板的合适位置绘制一个矩形，如图 3-137 所示。

（9）选中【图形】图层，在【基本图形】面板中单击【编辑】选项卡，选择【形状 01】，在【对齐并变换】中设置【角半径】为 100.0，如图 3-138 所示。

图 3-137 图 3-138

（10）选中 V3 轨道中的【图形】图层，并设置结束时间为 40 帧，如图 3-139 所示。

（11）在【效果】面板中搜索【轨道遮罩键】效果，并将该效果拖曳到【时间轴】面板中的 V2 轨道中的 1.mp4 素材文件上，如图 3-140 所示。

图 3-139 图 3-140

（12）选择 V2 轨道中的 1.mp4 素材文件，在【效果控件】面板中展开【轨道遮罩键】效果，设置【遮罩】为视频 3，如图 3-141 所示。

（13）此时画面效果如图 3-142 所示。

图 3-141 图 3-142

（14）将时间线滑动至起始位置，单击【工具】面板中的【文字工具】按钮，在【节目监视器】面板中单击输入文本，如图 3-143 所示。

（15）选中 V4 轨道中的文字图层，并设置结束时间为 40 帧，如图 3-144 所示。

图 3-143   图 3-144

（16）在【效果控件】面板中展开【文本】→【源文本】效果，设置字体和字号，设置【填充颜色】为白色，选中【阴影】复选框，设置【阴影颜色】为深灰色、【不透明度】为75%、【角度】为135°、【距离】为7.0、【大小】为0.0、【模糊】为40；展开【变换】效果，设置【位置】为（423.1，833.3），如图 3-145 所示。

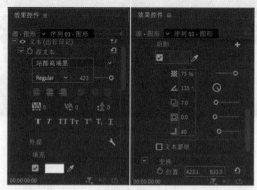

图 3-145

（17）将时间线滑动至起始位置，在【效果控件】面板展开【文本】效果，单击【创建 4 点多边形】按钮，单击【蒙版路径】前方的⑥（切换动画）按钮添加关键帧，如图 3-146 所示。

图 3-146

（18）在【节目监视器】面板中调整蒙版形状，如图 3-147 所示。

（19）将时间线滑动至 20 帧的位置，并在【节目监视器】面板中调整蒙版的形状，如图 3-148 所示。

图 3-147　　　　　　　　　　　　图 3-148

（20）此时滑动时间线，画面效果如图 3-149 所示。

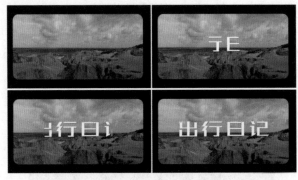

图 3-149

2. 制作片中部分

（1）将时间线滑动至起始位置，将【项目】面板中的 2.mp4 素材文件拖曳到 V2 轨道中的 1.mp4 素材文件的后面，并设置结束时间为 1 秒 30 帧，如图 3-150 所示。

（2）在【效果】面板中搜索【交叉溶解】效果，并将该效果拖曳到【时间轴】面板中的 V2 轨道中的 2.mp4 素材文件的起始位置，如图 3-151 所示。

图 3-150　　　　　　　　　　　　图 3-151

（3）此时滑动时间线，画面效果如图 3-152 所示。

图 3-152

（4）使用同样的方法制作其他素材及文字，此时滑动时间线，画面效果如图 3-153 所示。

图 3-153

（5）将时间线滑动至 9 秒的位置，将【项目】面板中的 7.mp4 素材文件拖曳到 V2 轨道上，并设置结束时间与黑场视频结束时间相同，如图 3-154 所示。

（6）选择 V2 轨道中的 7.mp4 素材文件，按住 Alt 键的同时将其向 V3 轨道拖动复制，如图 3-155 所示。

图 3-154   图 3-155

（7）选择 V2 轨道中的 7.mp4 素材文件，在【效果控件】面板中展开【运动】效果，设置【位置】为（693.8，463.2）、【缩放】为 44.0，如图 3-156 所示。

（8）在【效果】面板中搜索【颜色平衡】效果，将该效果拖曳到【时间轴】面板中的 V3 轨道中的 7.mp4 素材文件的起始位置，如图 3-157 所示。

 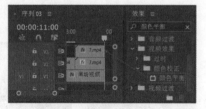

图 3-156   图 3-157

（9）选择 V3 轨道中的 7.mp4 素材文件，在【效果控件】面板中展开【运动】效果，设置【位置】为（1911.3，1011.5）、【缩放】为 44.0；展开【颜色平衡】效果，设置【阴影红色平衡】为 50.0、【阴影绿色平衡】为 -12.0、【阴影蓝色平衡】为 -15.0、【中间调红色平衡】为 13.0、【中间调蓝色平衡】为 36.0，如图 3-158 所示。

（10）此时画面效果如图 3-159 所示。

图 3-158　　　　　　　　　　　图 3-159

（11）在【效果】面板中搜索【急摇】效果，将该效果拖曳到【时间轴】面板中的 V2 和 V3 轨道中的 7.mp4 素材文件的起始位置，如图 3-160 所示。

（12）将时间线滑动至 9 秒 25 帧的位置，单击【工具】面板中的【文字工具】按钮，在【节目监视器】面板中单击输入文本，如图 3-161 所示。

图 3-160　　　　　　　　　　　图 3-161

（13）选中 V4 轨道中的文字图层，并设置结束时间为 10 秒 55 帧，如图 3-162 所示。

（14）在【效果控件】面板中展开【文本】→【源文本】效果，设置字体和字号，设置【填充颜色】为白色；展开【变换】效果，设置【位置】为（1446.6，329.7），如图 3-163 所示。

（15）至此，本案例制作完成，滑动时间线，画面效果如图 3-164 所示。

图 3-162

图 3-163　　　　　　　　　　　图 3-164

综合实例：制作电影感旅行日记片头

文件路径：第 3 章→综合实例：制作电影感旅行日记片头

本案例首先导入素材，为素材设置合适的持续时间，添加合适的过渡效果，然后使用【文字工具】和【基本图形】面板制作文字，并为文字添加蒙版以及合适的效果。案例效果如图 3-165 所示。

图 3-165

1. 制作背景部分

（1）在菜单栏中选择【文件】→【新建】→【项目】命令创建一个项目,然后在菜单栏中选择【文件】→【新建】→【序列】命令,在弹出的【新建序列】对话框中单击【设置】选项卡,设置【编辑模式】为自定义、【时基】为 30.00 帧→秒、【帧大小】为 3840、【水平】为 2160、【像素长宽比】为方形像素（1.0）,如图 3-166 所示。

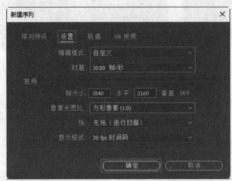

图 3-166

（2）在菜单栏中选择【文件】→【导入】命令，在弹出的【导入】对话框中选中所有素材，单击【打开】按钮，如图 3-167 所示。

图 3-167

（3）将【项目】面板中的 1.mp4~6.mp4 素材文件拖曳到【时间轴】面板中的 V1 轨道上，如图 3-168 所示。

图 3-168

（4）选中 V1 轨道中的所有素材，右击，在弹出的快捷菜单中选择【速度→持续时间】命令，在弹出的【剪辑速度→持续时间】对话框中设置【持续时间】为 1 秒，如图 3-169 所示。

（5）使用同样的方法将【项目】面板中的 7.mp4~10.mp4 素材文件拖曳到【时间轴】面板中的 V1 轨道 6 秒处，并设置持续时间为 10 帧，如图 3-170 所示。

图 3-169

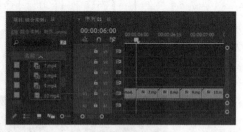

图 3-170

（6）此时滑动时间线，画面效果如图 3-171 所示。

（7）在【效果】面板中搜索【交叉溶解】效果，并将该效果拖曳到 1.mp4 素材文件的起始位置，如图 3-172 所示。

图 3-171

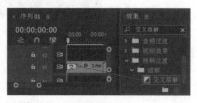

图 3-172

（8）选中添加的【交叉溶解】效果，在【效果控件】面板中设置【持续时间】为 10 帧，如图 3-173 所示。

（9）使用同样的方法在其他素材文件的起始位置添加【交叉溶解】效果，如图 3-174 所示，并设置【持续时间】为 10 帧。

图 3-173

图 3-174

2. 制作文字部分

（1）在菜单栏中选择【文件】→【新建】→【黑场视频】命令，如图3-175所示，然后在弹出的对话框中单击【确定】按钮。

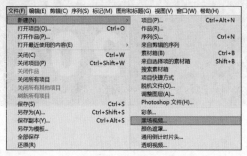

图 3-175

（2）将【项目】面板中的【黑场视频】拖曳到【时间轴】面板中的V2轨道上，并设置结束时间为9秒10帧，如图3-176所示。

（3）将时间线滑动至起始位置，在【工具】面板中单击【文字工具】按钮，在【节目监视器】面板中单击输入文本，如图3-177所示。

图 3-176　　　　　　　　　　图 3-177

（4）选中文本，在【效果控件】面板中展开【文本】→【源文本】，设置字体和字号，设置【字距】为87、【填充颜色】为白色；展开【变换】效果，设置【位置】为（239.2，1537.3），如图3-178所示。

（5）此时画面文本效果如图3-179所示。

图 3-178　　　　　　　　　　图 3-179

（6）将时间线滑动至起始位置，在不选中任何图层的状态下，继续单击【工具】面板中的【文字工具】，并在【节目监视器】面板中输入文本。选中文字，在【效果控件】面板中展开【文本】→【源文本】效果，设置字体和字号，设置【填充颜色】为白色。展开【变换】效果，将时间线滑动至4秒03帧的位置，单击【位置】前方的切换动画按钮，设置【位置】为（1971.0，1517.0），如图3-180所示；将时间线滑动至4秒18帧的位置，设置【位置】为（1971.1，295.0）。

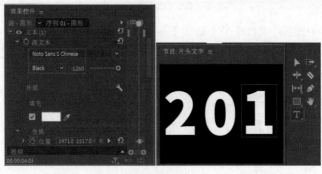

图 3-180

（7）此时滑动时间线，画面效果如图 3-181 所示。

（8）在文字图层选中状态下，使用同样的方法制作文字 2，并设置合适的参数，滑动时间线，画面效果如图 3-182 所示。

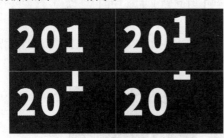

图 3-181   图 3-182

（9）在【时间轴】面板中设置 V3、V4 轨道中的文字图层的结束时间为 6 秒 07 帧，如图 3-183 所示。

（10）在【基本图形】面板中单击【编辑】选项卡，然后选择【新建图层】→【直排文本】命令，如图 3-184 所示。

图 3-183

（11）双击文本，更改文本内容，再选中文本，在【对齐并变换】中设置【切换动画的位置】为（1084.2，446.8），在【文本】面板中设置合适的字体和字号，设置【字距】为 87、【填充颜色】为白色，如图 3-185 所示。

图 3-184   图 3-185

（12）在不选中文字的状态下，在【变换】效果中设置【切换动画的位置】为（4103.0，1080.0），在【响应式设计 - 时间】面板中选中【滚动】复选框，取消选中【启动屏幕外】和【结束屏幕外】复选框，接着选中【柔化】复选框，如图3-186所示。

图 3-186

（13）此时滑动时间线，画面效果如图3-187所示。

（14）将时间线滑动至5秒的位置，在【工具】面板中单击【文字工具】按钮，接着在【节目监视器】面板中单击输入文本，选中文本，在【效果控件】面板中展开【文本】→【源文本】效果，设置字体和字号，设置【填充颜色】为白色；展开【变换】效果，设置【位置】为（2877.2，1522.5），如图3-188所示。

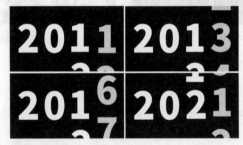

图 3-187

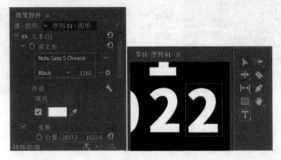

图 3-188

（15）在【时间轴】面板中选中V3、V4和V5轨道中的文字图层，右击，在弹出的快捷菜单中选择【嵌套...】命令，如图3-189所示，在弹出的【嵌套序列】对话框中设置【名称】为"片头文字"。

（16）选中【片头文字】嵌套序列，在【效果控件】面板中展开【不透明度】效果，单击【创建4点多边形】按钮，如图3-190所示。

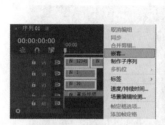

图 3-189　　　　　　　　　　　　　　　图 3-190

（17）在【节目监视器】面板中调整蒙版的形状，如图 3-191 所示。

（18）此时滑动时间线，画面效果如图 3-192 所示。

图 3-191　　　　　　　　　　　　　　　图 3-192

3. 制作电影感效果

（1）在【时间轴】面板中选中 V2 和 V3 轨道中的图层，右击，在弹出的快捷菜单中选择【嵌套】命令，如图 3-193 所示，在弹出的【嵌套序列】对话框中设置【名称】为片头。

（2）设置【片头】嵌套序列的结束时间为 5 秒 18 帧，如图 3-194 所示。

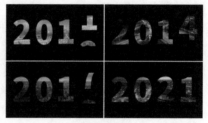

图 3-193　　　　　　　　　　　　　　　图 3-194

（3）选中【片头】嵌套序列，在【效果控件】面板中展开【不透明度】效果，设置【混合模式】为变暗，如图 3-195 所示。

（4）此时滑动时间线，画面效果如图 3-196 所示。

图 3-195　　　　　　　　　　　　　　　图 3-196

（5）在菜单栏中选择【文件】→【新建】→【黑场视频】命令，在弹出的对话框中单击【确定】按钮。将时间线滑动至5秒18帧的位置，将【项目】面板中的黑场视频拖曳到V2轨道的5秒18帧的位置，并设置结束时间为7秒10帧，如图3-197所示。

（6）在【效果】面板中搜索【网格】效果，并将该效果拖曳到黑场视频上，如图3-198所示。

图 3-197　　　　　　　　　　图 3-198

（7）选中"黑场视频"，在【效果控件】面板中展开【网格】效果，设置【锚点】为（-1375.0,1080.0）、【边角】为（5799.0，3244.0）。将时间线滑动至5秒18帧的位置，单击【边框】前面的切换动画按钮，设置【边框】为0.0，如图3-199所示；将时间线滑动到5秒24帧的位置，设置【边框】为1876.0。最后勾选【反转网格】复选框，设置【颜色】为黑色。

图 3-199

（8）至此，本案例制作完成，滑动时间线，画面效果如图3-200所示。

图 3-200

综合实例：制作水果沙拉视频

文件路径：第3章→综合实例：制作水果沙拉视频

本案例使用【颜色遮罩】制作背景，然后使用【钢笔工具】绘制图形，使用【文字工具】创建文字并添加合适的效果制作视频片头，最后使用蒙版、文字工具以及矩形工具制作水果沙拉。案例效果如图3-201所示。

扫一扫，看视频

图 3-201

1. 制作背景

（1）在菜单栏中选择【文件】→【新建】→【项目】命令创建一个项目。在菜单栏中选择【文件】→【新建】→【序列】命令，在弹出的【新建序列】对话框中单击【设置】选项卡，设置【编辑模式】为自定义、【时基】为 25.00 帧→秒、【帧大小】为 1920、【水平】为 1080、【像素长宽比】为方形像素（1.0），如图 3-202 所示。

图 3-202

（2）在菜单栏中选择【文件】→【导入】命令，在弹出的【导入】对话框中选中所有素材，单击【打开】按钮，如图 3-203 所示。

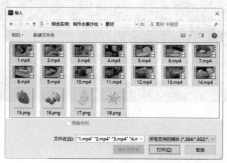

图 3-203

（3）在菜单栏中选择【文件】→【新建】→【颜色遮罩】命令，在弹出的【新建颜色遮罩】对话框中，单击【确定】按钮，如图 3-204 所示。

（4）在弹出的【拾色器】窗口中设置颜色为黄色，如图 3-205 所示。

图 3-204　　　　　　　　　　　　　　　图 3-205

（5）将时间线滑动至起始位置，将【项目】面板中的【黄色】颜色遮罩拖曳到【时间轴】面板中的 V1 轨道上，如图 3-206 所示。

（6）此时画面效果如图 3-207 所示。

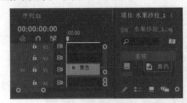

图 3-206　　　　　　　　　　　图 3-207

2. 制作视频片头

（1）将时间线滑动至起始位置，在不选中任何图层的状态下，单击【工具】面板中的【钢笔工具】按钮，在【节目监视器】面板中绘制图形，如图 3-208 所示。

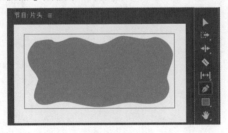

图 3-208

（2）选中 V2 轨道中的图形图层，在【效果控件】面板中展开【形状】→【外观】效果，设置【填充颜色】为白色，选中【阴影】复选框，设置【阴影颜色】为绿色，【不透明度】为 18%，【角度】为 135.0°，【距离】为 7.0，【大小】为 21.4，【模糊】为 26；展开【变换】效果，设置【位置】为（254.0，202.0），如图 3-209 所示。

（3）此时画面效果如图 3-210 所示。

（4）将时间线滑动至起始位置，单击【工具】面板中的【文字工具】按钮，在【节目监视器】面板中输入合适的文本，如图 3-211 所示。

（5）选中 V3 轨道中的文本图层，在【效果控件】面板中展开【文

图 3-209

本】→【源文本】效果，设置字体和字号，单击【居中对齐文本】按钮，设置【填充颜色】为橙色，选中【描边】复选框，设置【描边颜色】为白色、【描边宽度】为4.0、【描边类型】为外侧，选中【阴影】复选框，设置【阴影颜色】为深灰色、【不透明度】为75%、【角度】为135.0°、【距离】为7.0、【大小】为0、【模糊】为40。展开【变换】效果，设置【位置】为（969.6，489.6），将时间线滑动至起始位置，单击【缩放】前面的切换动画按钮，设置【缩放】为0，如图3-212所示；将时间线滑动至8帧的位置，设置【缩放】为100。

图 3-210

图 3-211

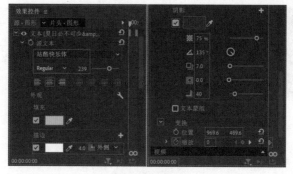

图 3-212

（6）此时画面效果如图3-213所示。

图 3-213

（7）将时间线滑动至起始位置，将【项目】面板中的15.png素材文件拖曳到【时间轴】面板中的V4轨道上，如图3-214所示。

（8）在【效果】面板中搜索【渐变擦除】效果，并将该效果拖曳到V4轨道的素材文件上，如图3-215所示。

图 3-214

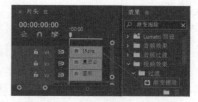

图 3-215

（9）选中 V4 轨道的素材文件，在【效果控件】面板中展开【运动】效果，设置【位置】为（1532.6，187.2）【缩放】为 21.0。展开【渐变擦除】效果，将时间线滑动至 11 帧的位置，单击【过渡完成】前面的切换动画按钮，设置【过渡完成】为 100%，如图 3-216 所示；将时间线滑动至 16 帧的位置，设置【过渡完成】为 0%、【过渡柔和度】为 30%。

图 3-216

（10）此时滑动时间线，画面效果如图 3-217 所示。

（11）将 16.png 和 17.png 拖曳到时间轴面板中并设置合适的参数，此时滑动时间线，画面效果如图 3-218 所示。

图 3-217   图 3-218

（12）选中 V1~V6 轨道上的图层，右击，在弹出的快捷菜单中选择【速度→持续时间】命令，如图 3-219 所示。

（13）在弹出的【剪辑速度→持续时间】对话框中设置【持续时间】为 1 秒 18 帧，如图 3-220 所示。

（14）在【时间轴】面板中选中所有轨道的图层，右击，在弹出的快捷菜单中选择【嵌套】命令，在弹出的【嵌套序列名称】对话框中设置【名称】为片头，如图 3-221 所示。

图 3-219

图 3-220

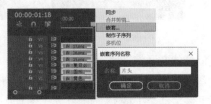

图 3-221

3. 水果沙拉制作过程

（1）将时间线滑动至 1 秒 18 帧的位置，将【项目】面板中的 1.mp4 素材文件拖曳到【时间轴】面板中的 V1 轨道上，如图 3-222 所示。

（2）此时画面效果如图 3-223 所示。

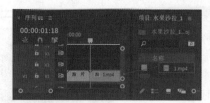

图 3-222　　　　　　　　　　　　　　　图 3-223

（3）选中 V1 轨道上的 1.mp4 素材文件，右击，在弹出的快捷菜单中选择【速度 / 持续时间】命令，然后在弹出的【剪辑速度 / 持续时间】对话框中设置【速度】为 300%，如图 3-224 所示。

（4）在【效果】面板中搜索 Brightness & Contrast 效果，并将该效果拖曳到 V4 轨道中的素材文件上，如图 3-225 所示。

图 3-224　　　　　　　　　　　　　　　图 3-225

（5）在【效果控件】面板中展开 Brightness & Contrast 效果，设置【亮度】为 20.0，【对比度】为 16.0，如图 3-226 所示。

（6）此时画面效果如图 3-227 所示。

图 3-226　　　　　　　　　　　　　　　图 3-227

（7）使用同样的方法将其他视频素材拖曳到 V1 轨道上，如图 3-228 所示。

（8）此时滑动时间线，画面效果如图 3-229 所示。

（9）将时间线滑动至 1 秒 18 帧的位置，将【项目】面板中的【黄色】颜色遮罩拖曳到【时间轴】面板中的 V1 轨道上，并设置结束时间为 32 秒，如图 3-230 所示。

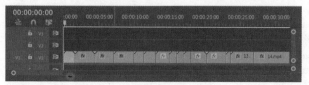

图 3-228

<table>
<tr><td>图 3-229</td><td>图 3-230</td></tr>
</table>

（10）选择 V2 轨道中的颜色遮罩，在【效果控件】面板中展开【不透明度】效果，单击【自由绘制贝塞尔曲面】按钮；展开【蒙版（1）】，设置【蒙版羽化】为 63.0，勾选【已反转】复选框，如图 3-231 所示。

（11）在【节目监视器】面板中绘制蒙版，如图 3-232 所示。

图 3-231　　　　　　　　　　　　　图 3-232

（12）将【项目】面板中的 18.png 素材文件拖曳到【时间轴】面板中的 V3 轨道上，并设置起始时间与下方黄色颜色遮罩起始时间相同，结束时间为 4 秒 11 帧，如图 3-233 所示。

（13）此时画面效果如图 3-234 所示。

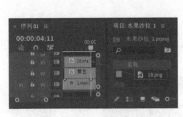

图 3-233　　　　　　　　　　　　　图 3-234

（14）选择 V3 轨道中的 18.png 素材文件，在【效果控件】面板中展开【运动】效果，设置【位置】为（1732.7,155.8）、【缩放】为 70.8，如图 3-235 所示，将时间线滑动至 1 秒 18 帧的位置，单击【旋转】前面的切换动画按钮，设置【旋转】为 0.0；将时间线滑动至 1 秒 22 帧的位置，设置【旋转】为 343.0°。

（15）将时间线滑动至 1 秒 18 帧的位置，在不选中任何图层的状态下，单击【工具】面板中的【矩形工具】按钮，在【节目监视器】面板中绘制图形，如图 3-236 所示。

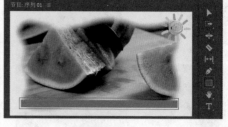

图 3-235　　　　　　　　　　　图 3-236

（16）选择 V4 轨道中的图形图层，设置结束时间为 4 秒 12 帧，如图 3-237 所示。

（17）在【基本图形】面板中设置【切换动画的位置】为（941.0，953.0）、【切换动画的锚点】为（822.0，37.0）、【角半径】为 16.4，设置填充颜色为橙色，选中【描边】复选框；设置【描边颜色】为白色、【描边宽度】为 4.0，【描边类型】为外侧；选中【阴影】复选框，设置【阴影颜色】为深灰色、【不透明度】为 18%、【角度】为 135.0°、【距离】为 7.0、【大小】为 21.4、【模糊】为 26，如图 3-238 所示。

图 3-237

图 3-238

（18）此时画面效果如图 3-239 所示。

（19）将时间线滑动至 1 秒 18 帧的位置，单击【工具】面板中的【文字工具】按钮，在【节目监视器】面板中输入文本，如图 3-240 所示。

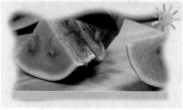

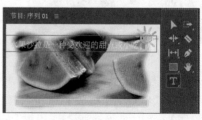

图 3-239　　　　　　　　　　　图 3-240

（20）选择 V5 轨道中的文字图层，设置结束时间为 4 秒 12 帧，如图 3-241 所示。

（21）在【效果控件】面板中展开【文本】→【源文本】效果，设置字体和字号，单击【居中对齐文本】按钮，设置【填充颜色】为白色，选中【阴影】复选框，设置【阴影颜色】为深灰色、【不透明度】为

图 3-241

75%、【角度】为135.0°、【距离】为7.0、【大小】为0.0、【模糊】为40；展开【变换】效果，设置【位置】为（942.2，968.8），如图3-242所示。

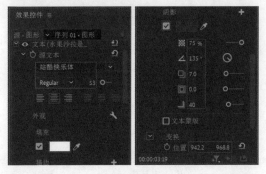

图 3-242

（22）此时画面效果如图3-243所示。

（23）使用同样的方法制作其他素材、文字、图形及动画效果，至此本案例制作完成，滑动时间线，画面效果如图3-244所示。

图 3-243

图 3-244

综合实例：制作悬疑类电影片头

文件路径：第3章→综合实例：制作悬疑类电影片头

本案例使用【Lumetri颜色】调整素材的颜色，然后添加【高斯模糊】效果制作动画效果，接着在合适的素材之间添加过渡效果，最后为视频添加音频。案例效果如图3-245所示。

图 3-245

（1）在菜单栏中选择【文件】→【新建】→【项目】命令创建一个项目，然后在菜单栏中选择【文件】→【导入】命令，在弹出的【导入】对话框中导入全部素材，如图3-246所示。

图 3-246

（2）将【项目】面板中的 1.mp4 素材文件拖曳到【时间轴】面板中，如图 3-247 所示。

（3）将时间线滑动至 1 秒 10 帧的位置，使用快捷键 Ctrl+K 进行裁剪，选中时间线后面的素材，按 Delete 键删除，如图 3-248 所示。

图 3-247

图 3-248

（4）此时画面效果如图 3-249 所示。

（5）在【效果】面板中搜索【Lumetri 颜色】效果，并将该效果拖曳到时间轴面板中的 V1 轨道的 1.mp4 素材文件上，如图 3-250 所示。

图 3-249

图 3-250

（6）选择 V1 轨道的 1.mp4 素材文件，在【效果控件】面板中展开【Lumetri 颜色】效果，展开【基本校正】→【颜色】效果，设置【色温】为 -9.0【饱和度】为 89.0；展开【灯光】效果，设置【白色】为 -5.0；展开【创意】→【调整】效果，设置【饱和度】为 81.0；展开【色轮和匹配】效果，将【中间调】的控制点向右下拖曳，将【阴影】的控制点向左下拖曳，将【高光】的控制点向右下拖曳，如图 3-251 所示。

图 3-251

（7）此时画面效果如图 3-252 所示。

（8）在【效果】面板中搜索【高斯模糊】效果，并将该效果拖曳到时间轴面板中的 V1 轨道的 1.mp4 素材文件上，如图 3-253 所示。

图 3-252 图 3-253

（9）将时间线滑动至起始位置，在【效果控件】面板中展开【高斯模糊】效果，单击【模糊度】前面的切换动画按钮，设置【模糊度】为 282.0，如图 3-254 所示；将时间线滑动至 10 帧的位置，设置【模糊度】为 37.0。

（10）此时滑动时间线效果如图 3-255 所示。

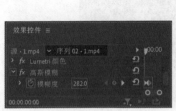

图 3-254 图 3-255

（11）将【项目】面板中的 2.mp4 素材文件拖曳到【时间轴】面板中的 V1 轨道的 1.mp4 素材文件的后面，并设置结束时间为 4 秒 15 帧，如图 3-256 所示。

（12）在【时间轴】面板中按住 Alt 键的同时单击 A1 轨道中的音频素材，按 Delete 键删除，如图 3-257 所示。

图 3-256 图 3-257

（13）选择 V1 轨道的 2.mp4 素材文件，在【效果控件】面板中展开【运动】效果，设置【缩放】为 150.0，如图 3-258 所示。

（14）此时画面效果如图 3-259 所示。

（15）在【效果】面板中搜索【Lumetri 颜色】效果，并将该效果拖曳到时间轴面板中的 V1 轨道的 1.mp4 素材文件上，如图 3-260 所示。

（16）选择 V1 轨道的 2.mp4 素材文件，在【效果控件】面板中展开【Lumetri 颜色】效果，展开【基本校正】→【颜色】效果，设置【色温】为 -8.0；展开【曲线】效果，单击【RGB 通道】，在曲线上添加控制点，调整曲线形状，然后单击【绿色通道】，在曲线上添加控制点，调整曲线形状；展开【色轮和匹配】效果，将【中间调】

图 3-258

的控制点向左下拖曳，将【阴影】的控制点向左下拖曳，将【高光】的控制点向下拖曳，如图 3-261 所示。

图 3-259   图 3-260

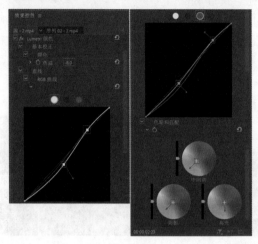

图 3-261

（17）此时画面效果如图 3-262 所示。

（18）继续使用同样的方法将其他素材拖曳到时间轴面板中并添加合适的效果，滑动时间线，画面效果如图 3-263 所示。

图 3-262   图 3-263

（19）在【效果】面板中搜索【急摇】效果，并将其拖曳到时间轴面板中的 V1 轨道中 2.mp4 素材文件的起始位置，如图 3-264 所示。

（20）此时滑动时间线，画面效果如图 3-265 所示。

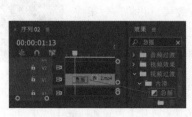

图 3-264   图 3-265

（21）使用同样的方法将【急摇】效果拖曳到 3.mp4、5.mp4 和 8.mp4 素材文件的起始位置，如图 3-266 所示。

（22）将时间线滑动至起始位置，将【项目】面板中的"配乐.mp3"拖曳到【时间轴】面板中的 A1 轨道上，如图 3-267 所示。

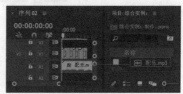

图 3-266　　　　　　　　　　图 3-267

（23）将时间线滑动至 13 秒 18 帧的位置，使用快捷键 Ctrl+K 进行裁剪，选中时间线后面的素材，按 Delete 键删除，如图 3-268 所示。

（24）至此，本案例制作完成，滑动时间线画面效果如图 3-269 所示。

图 3-268　　　　　　　　　　图 3-269

3.4　课堂演练：制作夏日旅行短视频

扫一扫，看视频

文件路径：第 3 章→课堂演练：制作夏日旅行短视频

本案例使用【速度→持续时间】命令调整素材的持续时间并为素材添加合适的过渡效果，然后使用【文字工具】和【基本图形】面板制作文字及效果。案例效果如图 3-270 所示。

图 3-270

（1）在菜单栏中选择【文件】→【新建】→【项目】命令创建一个项目，然后在菜单栏中选择【文件】→【导入】命令，在弹出的【导入】对话框中导入全部素材，如图 3-271 所示。

图 3-271

（2）将【项目】面板中的 1.mp4 素材文件拖曳到时间轴面板中，如图 3-272 所示。

（3）在【时间轴】面板中按住 Alt 键的同时单击 A1 轨道中的音频素材，按 Delete 键删除，如图 3-273 所示。

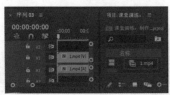　

图 3-272　　　　　　　　　　图 3-273

（4）将时间线滑动至 1 秒 02 帧的位置，使用快捷键 Ctrl+K 进行裁剪，选中时间线后面的素材，按 Delete 键删除，如图 3-274 所示。

（5）此时画面效果如图 3-275 所示。

图 3-274　　　　　　　　　　图 3-275

（6）使用同样的方法将其他素材文件拖曳到时间轴面板中的 V1 轨道上，并设置合适的持续时间，如图 3-276 所示。

图 3-276

（7）在【时间轴】面板中选择 V1 轨道的 3.mp4 素材文件，在【效果控件】面板中展开【运动】效果，设置【缩放】为 200.0；选择 V1 轨道中的 5.mp4 素材文件，在【效果控件】面板中展开【运动】效果，设置【缩放】为 163.0，如图 3-277 所示。

（8）滑动时间线，画面效果如图 3-278 所示。

图 3-277　　　　　　　　　　　图 3-278

（9）在【效果】面板中搜索【杂色】效果，并将其拖曳到时间轴面板中的 V1 轨道的 5.mp4 素材文件上，如图 3-279 所示。

（10）将时间线滑动至 4 秒 20 帧的位置，在【效果控件】面板中展开【杂色】效果，单击【杂色数量】前面的切换动画按钮，设置【杂色数量】为 100.0%，如图 3-280 所示；将时间线滑动至 4 秒 25 帧的位置，设置【杂色数量】为 0.0%。

图 3-279　　　　　　　　　　　图 3-280

（11）此时画面效果如图 3-281 所示。

（12）在菜单栏中选择【文件】→【新建】→【黑场视频】命令，如图 3-282 所示，在弹出的对话框中单击【确定】按钮。

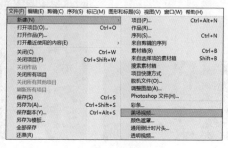

图 3-281　　　　　　　　　　　图 3-282

（13）将时间线滑动至起始位置，将【项目】面板中的"黑场视频"拖曳到【时间轴】面板中的 V2 轨道上，并设置结束时间与下方素材的结束时间相同，如图 3-283 所示。

（14）为【黑场视频】添加【网格】效果，设置【锚点】为（-2367.0，1080.0），【边角】为（4926.0，4668.0），勾选【反转网格】，【颜色】为黑色。将时间线滑动至起始帧，单击【边框】前方的（切换动画）按钮，设置数值为 0；接着将时间线滑动至 20 帧，设置数值为 1500.0。然后为其添加【球面化】效果，设置【半径】为 2148.0，【球面中心】为（1920.0，1080.0），如图 3-284 所示。

图 3-283   图 3-284

（15）将时间线滑动至 1 秒 02 帧的位置，单击【工具】面板中的【文字工具】按钮，在【节目监视器】面板中输入文本，如图 3-285 所示。

（16）选择 V5 轨道的文字图层，设置结束时间为 2 秒，如图 3-285 所示。

图 3-285

（17）在【效果控件】面板中展开【文本】→【源文本】效果，设置字体和字号，设置【填充颜色】为白色，选中【阴影】复选框，设置【阴影颜色】为绿色、【不透明度】为 75%、【角度】为 135.0°、【距离】为 32.3【大小】为 0.0【模糊】为 40；展开【变换】效果，设置【位置】为（706.5，873.5），如图 3-287 所示。

图 3-286   图 3-287

（18）此时文本效果如图 3-288 所示。

（19）将时间线滑动至 1 秒 02 帧的位置，在【效果控件】面板中展开【矢量运动】效果，单击【旋转】前面的切换动画按钮，设置旋转为 3.0°，如图 3-289 所示；将时间线滑动至 1 秒 07 帧的位置，设置【旋转】为 -3.0°；将时间线滑动至 1 秒 12 帧的位置，设置【旋转】为 3.0°；将时间线滑动至 1 秒 17 帧的位置，设置【旋转】为 -3.0°；将时间线滑动至 1 秒 22 帧的位置，设置【旋转】为 3.0°；将时间线滑动至 1 秒 27 帧的位置，设置【旋转】为 -3.0°。

图 3-288

图 3-289

（20）滑动时间线，画面文字效果如图 3-290 所示。

（21）使用同样的方法制作其他文字及动画效果，至此本案例制作完成。滑动时间线，画面效果如图 3-291 所示。

图 3-290

图 3-291

3.5　随 堂 测 试

1. 知识考察

（1）使用剪辑类相关工具剪辑视频。

（2）使用快捷键快速高效地剪辑视频。

2. 实战演练

参考给定作品，制作"趣味魔术"视频。

参考效果	可用工具
	剃刀工具、波纹删除

3. 项目实操

以"旅行"为主题剪辑视频。

要求：

（1）使用几个旅行、风景、美食视频素材。

（2）注意剪辑节奏，能让观众感到舒适、轻松。

常用视频效果 第 4 章

学时安排

总学时：8 学时

理论学时：2 学时

实践学时：6 学时

教学内容概述

视频效果是 Premiere Pro 中非常强大的功能，由于其效果种类众多，可模拟各种质感、风格、色调、视觉特效等，深受视频制作者的喜爱。Premiere Pro 中大约有 100 多种视频效果，被广泛应用于视频、电视、电影、广告制作等设计领域。读者在学习时，可以多尝试几次每种视频效果，以及修改各种参数带来的变化，以加深对每种效果的印象和理解。

教学目标

- 了解视频效果的概念
- 了解视频效果操作流程
- 掌握 Premiere Pro 中常用视频效果的应用

4.1　认识视频效果

视频效果作为 Premiere Pro 中的重要功能之一，其种类繁多、应用范围广泛。在制作作品时，使用视频效果可烘托画面气氛，呈现出更加震撼的视觉效果。在学习时，由于视频效果非常多，参数也比较多，建议读者不要背参数，可以通过调节每个参数来体验该参数变化时对作品产生的影响，从而加深印象。

4.1.1　什么是视频效果

Premiere Pro 中的视频效果可以应用于视频素材或其他素材图层，通过添加效果并设置参数即可制作出很多绚丽效果。视频效果包含很多效果组，而每个效果组又包括很多效果，如图 4-1 所示。

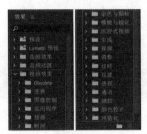

图 4-1

4.1.2　与视频效果相关的面板

在 Premiere Pro 中使用视频效果时，主要会用到【效果】面板和【效果控件】面板。若当前界面中没有找到这两个面板，可以在菜单栏中选择【窗口】菜单下的【效果】和【效果控件】命令，如图 4-2 所示。

1.【效果】面板

在【效果】面板中可以搜索或手动找到需要的效果。图 4-3 所示为搜索某个效果的名称，该名称的所有效果都被显示出来。图 4-4 所示为手动寻找需要的效果。

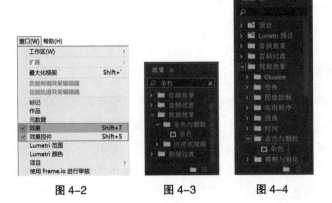

图 4-2　　　　图 4-3　　　　图 4-4

2.【效果控件】面板

【效果控件】面板主要用于修改效果的参数。在找到需要的效果后，可以将【效果】面板中的效果拖动到【时间轴】面板中的素材上，如图 4-5 所示。单击被添加效果的素材，在【效果控件】面板中可以看到该效果的参数，如图 4-6 所示。

图 4-5

图 4-6

实例：制作百叶窗特效

文件路径：第 4 章　视频效果→实例：制作百叶窗特效

扫一扫，看视频

在视频制作中经常会用到特效，应用特效可打破画面枯燥、乏味的局面，为画面增添几分新意。下面以【百叶窗】效果为例，针对视频效果进行操作讲解。

（1）在 Premiere Pro 中新建项目，导入素材文件，将素材文件拖曳到【时间轴】面板中，松开鼠标后在【项目】面板中自动生成序列，如图 4-7 所示。

（2）在【效果】面板中搜索【百叶窗】效果，将其拖曳到 V1 轨道中的 1.png 素材文件上，如图 4-8 所示。

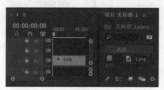

图 4-7

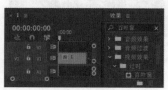

图 4-8

（3）在【效果控件】面板中展开【百叶窗】效果，设置【过渡完成】为 30%、【方向】为 30°、【宽度】为 60、【羽化】为 15.0，如图 4-9 所示。

（4）该素材文件添加视频效果的前后对比如图 4-10 所示。

图 4-9

图 4-10

4.2　变换类视频效果

变换类视频效果可以使素材产生变化效果。该视频效果组包括【垂直翻转】【水平翻转】【羽化边缘】【自动重构】【裁剪】效果，如图 4-11 所示。

【垂直翻转】：可使素材产生垂直翻转效果。为素材添加该效果的前后对比效果如图 4-12 所示。

【水平翻转】：可使素材产生水平翻转效果。为素材添加该效果的前后对比效果如图 4-13 所示。

【羽化边缘】：可针对素材边缘进行羽化模糊处理。为素材添加该效果的前后对比效果如图 4-14 所示。

【自动重构】：可以自动调整视频内容与画面比例。该效果可应用于单个画面或者整个序列的重新构图。

【裁剪】：可以通过参数来调整画面裁剪的大小。为素材添加该效果的前后对比如图 4-15 所示。

图 4-11

图 4-12

图 4-13

图 4-14

图 4-15

4.3　实用程序类视频效果

实用程序类视频效果组只包括【Cineon 转换器】效果，如图 4-16 所示。

【Cineon 转换器】：可改变画面的明度、色调、高光和灰度等。为素材添加该效果的前后对比如图 4-17 所示。

图 4-16

图 4-17

4.4 扭曲类视频效果

扭曲类视频效果组包括【偏移】【变形稳定器】【变换】【放大】【旋转扭曲】【果冻效应修复】【波形变形】【湍流置换】【球面化】【边角定位】【镜像】和【镜头扭曲】等 12 种效果，如图 4-18 所示。

【偏移】：该效果可以使画面水平或垂直移动，画面中空缺的像素会自动进行补充。为素材添加该效果的前后对比如图 4-19 所示。

【变形稳定器】：可以消除因摄像机移动而导致的画面抖动，将抖动效果转化为稳定的平滑拍摄效果。

【变换】：可对图像的位置、大小、角度及不透明度进行调整。为素材添加该效果的前后对比如图 4-20 所示。

【放大】：可以使素材产生放大的效果。为素材添加该效果的前后对比如图 4-21 所示。

【旋转扭曲】：在默认情况下以中心为轴点，可使素材产生旋转变形的效果。为素材添加该效果的前后对比如图 4-22 所示。

图 4-18

【果冻效应修复】可修复素材在拍摄时产生的抖动、变形等效果。

【波形变形】：可使素材产生类似水波的波浪形状。为素材添加该效果的前后对比如图 4-23 所示。

【湍流置换】：可使素材产生扭曲变形的效果。为素材添加该效果的前后对比如图 4-24 所示。

图 4-19　　　　　　　　　　　　　图 4-20

图 4-21　　　　　　　　　　　　　图 4-22

图 4-23　　　　　　　　　　　　　图 4-24

【球面化】：可使素材产生类似放大镜的球形效果。为素材添加该效果的前后对比如图 4-25 所示。

【边角定位】：可重新设置素材的左上、右上、左下、右下四个位置的参数，从而调整素材四角的位置。为素材添加该效果的前后对比如图 4-26 所示。

图 4-25   图 4-26

【镜像】：可以使素材产生对称翻转效果。为素材添加该效果的前后对比如图 4-27 所示。

【镜头扭曲】：用于调整素材在画面中水平或垂直的扭曲程度。为素材添加该效果的前后对比如图 4-28 所示。

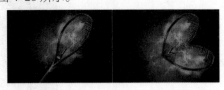

图 4-27   图 4-28

4.5 时间类视频效果

时间类视频效果组包含【抽帧】【残影】视频效果，如图 4-29 所示。

【抽帧】：可以通过修改【帧速率】参数设置抽帧。

【残影】：可将画面中的不同帧像素进行混合处理。为素材添加该效果的前后对比如图 4-30 所示。

图 4-29   图 4-30

4.6 杂色与颗粒类视频效果

杂色与颗粒类视频效果可以为画面添加杂色，制作复古的质感。该视频效果组包含 Obsolete 效果组中的 Noise Alpha（杂色 Alpha）、Noise HLS（杂色 HLS）、Noise HLS Auto（杂色 HLS 自动），【杂色与颗粒】效果组中的【杂色】和【过时】效果组中的【中间值（旧版）】【蒙尘与划痕】6 种效果，如图 4-31 所示。

图 4-31

Noise Alpha：可以使素材产生不同大小的单色颗粒。为素材添加该效果的前后对比如图 4-32 所示。

Noise HLS：可设置画面中杂色的色相、亮度、饱和度和颗粒大小等。为素材添加该效果的前后对比如图 4-33 所示。

图 4-32　　　　　　　　　　　　　　　图 4-33

Noise HLS Auto 与 Noise HLS 相似，可通过参数调整噪波色调。为素材添加该效果的前后对比如图 4-34 所示。

【中间值（旧版）】：可以通过选取相邻像素中位于指定半径范围内的中间色值，将相邻像素进行替换，常用于制作类似绘画的效果。为素材添加该效果的前后对比如图 4-35 所示。

图 4-34　　　　　　　　　　　　　　　图 4-35

【杂色】：可以为画面添加混杂的颜色颗粒。为素材添加该效果的前后对比如图 4-36 所示。

【蒙尘与划痕】：可通过数值的调整区分画面中的各颜色像素，使层次感更加强烈。为素材添加该效果的前后对比如图 4-37 所示。

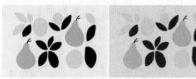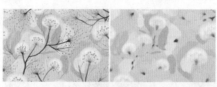

图 4-36　　　　　　　　　　　　　　　图 4-37

4.7　模糊与锐化类视频效果

模糊与锐化类视频效果可以将素材变得更模糊或更锐化。该视频效果组包含【模糊与锐化】效果组中的 Camera Blur（相机模糊）【减少交错闪烁】【方向模糊】【钝化蒙版】【锐化】【高斯模糊】和【过时】效果组中的【复合模糊】【通道模糊】8 种视频效果，如图 4–38 所示。

Camera Blur（相机模糊）：可模拟摄像机在拍摄过程中出现的虚焦现象。为素材添加该效果的前后对比如图 4–39 所示。

【减少交错闪烁】：该效果可以减少交错闪烁的效果。

【方向模糊】：可根据模糊的角度和长度将画面进行模糊处理。为素材添加该效果的前后对比如图 4–40 所示。

图 4–38

图 4–39　　　　　　　　　　　　　　　　图 4–40

【钝化蒙版】：该效果在模糊画面的同时可调整画面的曝光度和对比度。为素材添加该效果的前后对比如图 4–41 所示。

【锐化】：可快速聚焦模糊边缘，提高画面清晰度。为素材添加该效果的前后对比如图 4–42 所示。

图 4–41　　　　　　　　　　　　　　　　图 4–42

【高斯模糊】：该效果可使画面既模糊又平滑，可有效降低素材的层次细节。为素材添加该效果的前后对比如图 4–43 所示。

【复合模糊】：可根据轨道的选择自动使画面生成一种模糊的效果。为素材添加该效果的前后对比如图 4–44 所示。

图 4–43　　　　　　　　　　　　　　　　图 4–44

【通道模糊】：可以对 RGB 通道中的红、绿、蓝、Alpha 通道进行模糊处理。数值越大，该颜色在画面中所占比例越少。为素材添加该效果的前后对比如图 4-45 所示。

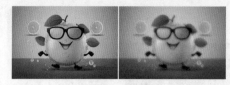

图 4-45

4.8　沉浸式视频类视频效果

沉浸式视频类视频效果组下包含【VR 分形杂色】【VR 发光】【VR 平面到球面】【VR 投影】【VR 数字故障】【VR 旋转球面】【VR 模糊】【VR 色差】【VR 锐化】【VR 降噪】【VR 颜色渐变】11 种视频效果，如图 4-46 所示。

【VR 分形杂色】：可用于沉浸式分形杂色效果。

【VR 发光】：用于 VR 沉浸式光效。

【VR 平面到球面】：用于 VR 沉浸式效果中图像从平面到球面的效果处理。

【VR 投影】：用于 VR 沉浸式投影效果。

【VR 数字故障】：用于 VR 沉浸式效果中文字的数字故障处理。

【VR 旋转球面】：用于 VR 沉浸式效果中的旋转球面效果。

【VR 模糊】：用于 VR 沉浸式模糊效果。

【VR 色差】：用于 VR 沉浸式效果中图像的颜色校正。

【VR 锐化】：用于 VR 沉浸式效果中图像的锐化处理。

图 4-46

【VR 降噪】：用于 VR 沉浸式效果中图像降噪的处理。

【VR 颜色渐变】：用于 VR 沉浸式效果中图像颜色渐变的处理。

4.9　生成类视频效果

生成类视频效果组包含【生成】效果组中的【四色渐变】【渐变】【镜头光晕】【闪电】和【过时】效果组中的【书写】【单元格图案】【吸管填充】【圆形】【棋盘】【椭圆】【油漆桶】【网格】12 种视频效果，如图 4-47 所示。

【四色渐变】：可通过颜色及参数的调节，使素材上方产生 4 种颜色的渐变效果。为素材添加该效果的前后对比如图 4-48 所示。

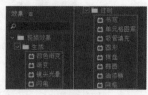

图 4-47

【渐变】：可在素材上方填充线性渐变或径向渐变。为素材添加该效果的前后对比如图 4-49 所示。

图 4-48 　　　　　　　　　　　　　　图 4-49

【镜头光晕】：可模拟在自然光下拍摄时所遇到的强光，从而使画面产生光晕效果。为素材添加该效果的前后对比如图 4-50 所示。

【闪电】：可模拟天空中的闪电形态。为素材添加该效果的前后对比如图 4-51 所示。

图 4-50 　　　　　　　　　　　　　　图 4-51

【书写】：可以制作类似画笔的笔触感。为素材添加该效果的前后对比如图 4-52 所示。

【单元格图案】：可以通过参数的调整在素材上方制作出纹理效果。为素材添加该效果的前后对比如图 4-53 所示。

图 4-52 　　　　　　　　　　　　　　图 4-53

【吸管填充】：可调整素材色调将素材进行填充修改。为素材添加该效果的前后对比如图 4-54 所示。

【圆形】：可以在素材上方制作一个圆形，并通过调整圆形的颜色、不透明度、羽化等参数更改圆形效果。为素材添加该效果的前后对比如图 4-55 所示。

图 4-54 　　　　　　　　　　　　　　图 4-55

【棋盘】：添加该效果后，在素材上方可自动呈现黑白矩形交错的棋盘效果。为素材添加该效果的前后对比如图 4-56 所示。

【椭圆】：添加该效果后会在素材上方自动出现一个圆形，通过参数的调整可更改椭圆的位置、颜色、宽度、柔和度等。为素材添加该效果的前后对比如图 4-57 所示。

图 4-56

图 4-57

【油漆桶】：可为素材的指定区域填充所选颜色。为素材添加该效果的前后对比如图 4-58 所示。

【网格】：应用该效果可以使素材文件上方自动呈现矩形网格。为素材添加该效果的前后对比如图 4-59 所示。

图 4-58

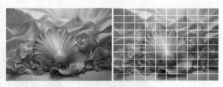

图 4-59

4.10   视频类视频效果

视频类视频效果组中包含【SDR 遵从情况】【剪辑名称】【时间码】【简单文本】4 种视频效果，如图 4-60 所示。

【SDR 遵从情况】：可设置素材的亮度、对比度及阈值。为素材添加该效果的前后对比如图 4-61 所示。

【剪辑名称】：会在素材上显示素材的名称。为素材添加该效果的前后对比如图 4-62 所示。

【时间码】：摄像机在记录图像信号时的一种数字编码。为素材添加该效果的前后对比如图 4-63 所示。

【简单文本】：可在素材上进行文字编辑。为素材添加该效果的前后对比如图 4-64 所示。

图 4-60

图 4-61

图 4-62

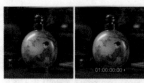

图 4-63　　　　　　　　　　　　　　　　图 4-64

4.11　调整类视频效果

　　调整类视频效果组中包含【调整】效果组中的 ProcAmp、【光照效果】【提取】【色阶】和【过时】效果组中的【卷积内核】5 种视频效果，如图 4-65 所示。

　　ProcAmp：可调整素材的亮度、对比度、色相和饱和度。为素材添加该效果的前后对比如图 4-66 所示。

图 4-65　　　　　　　　　　　　　　图 4-66

　　【光照效果】：可模拟灯光照射在物体上的效果。为素材添加该效果的前后对比如图 4-67 所示。

　　【提取】：可将彩色画面转化为黑白效果。为素材添加该效果的前后对比如图 4-68 所示。

　　【色阶】：可调整画面中的明暗层次关系。为素材添加该效果的前后对比如图 4-69 所示。

　　【卷积内核】：可以通过参数来调整画面的色阶。为素材添加该效果的前后对比如图 4-70 所示。

图 4-67　　　　　　　　　　　　　　图 4-68

图 4-69　　　　　　　　　　　　　　图 4-70

4.12 过渡类视频效果

过渡类视频效果组中包含【块溶解】【径向擦除】【渐变擦除】【百叶窗】【线性擦除】5 种视频效果，如图 4-71 所示。

【块溶解】：可以为素材制作逐渐显现或隐去的溶解效果。为素材添加该效果的前后对比如图 4-72 所示。

图 4-71　　　　　　　　　　　　图 4-72

【径向擦除】：沿着所设置的中心轴点进行表针式画面擦除。为素材添加该效果的前后对比如图 4-73 所示。

【渐变擦除】：可以制作类似色阶梯度渐变的效果。为素材添加该效果的前后对比如图 4-74 所示。

图 4-73　　　　　　　　　　　　图 4-74

【百叶窗】：在视频播放时可使画面产生类似百叶窗叶片摆动的效果。为素材添加该效果的前后对比如图 4-75 所示。

【线性擦除】：可使素材以线性的方式进行画面擦除。为素材添加该效果的前后对比如图 4-76 所示。

   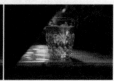

图 4-75　　　　　　　　　　　　图 4-76

4.13　透视类视频效果

透视类视频效果组中包含【基本 3D】【投影】【斜面 Alpha】【边缘斜面】【径向阴影】5 种视频效果，如图 4-77 所示。

【基本 3D】：可使素材产生翻转或透视的 3D 效果。为素材添加该效果的前后对比如图 4-78 所示。

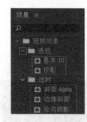  

图 4-77　　　　　　　　　　　图 4-78

【投影】：可使素材边缘呈现阴影效果。为素材添加该效果的前后对比如图 4-79 所示。

【斜面 Alpha】：可通过 Alpha 通道使素材产生三维效果。为素材添加该效果的前后对比如图 4-80 所示。

图 4-79　　　　　　　　　　　图 4-80

【边缘斜面】：使画面呈现立体效果，光照越强棱角越明显。为素材添加该效果的前后对比如图 4-81 所示。

【径向阴影】：可使素材后方出现阴影效果，加强画面空间感。为素材添加该效果的前后对比如图 4-82 所示。

图 4-81　　　　　　　　　　　图 4-82

4.14 通道类视频效果

通道类视频效果组中包含 Obsolete 效果组中的 Set Matte（设置遮罩），【过时】效果组中的【计算】【混合】【算术】【纯色合成】【复合运算】和【通道】效果组中的【反转】7 种视频效果，如图 4-83 所示。

Set Matte：可设置指定通道作为遮罩并与原素材进行混合。为素材添加该效果的前后对比如图 4-84 所示。

图 4-83　　　　　　　　图 4-84

【计算】：可指定一种素材文件与原素材文件进行通道混合。为素材添加该效果的前后对比如图 4-85 所示。

【混合】：用于制作两个素材在进行混合时的叠加效果。为素材添加该效果的前后对比如图 4-86 所示。

图 4-85　　　　　　　　　　　　　图 4-86

【算术】：用于控制画面中 RGB 颜色的阈值情况。为素材添加该效果的前后对比如图 4-87 所示。

【纯色合成】：可将指定素材与所选颜色进行混合。为素材添加该效果的前后对比如图 4-88 所示。

图 4-87　　　　　　　　　　　　　图 4-88

【复合运算】：用于指定的视频轨道与原素材的通道混合设置。为素材添加该效果的前后对比如图 4-89 所示。

【反转】：应用该效果后，素材可以自动进行通道反转。为素材添加该效果的前后对比如图 4-90 所示。

图 4-89

图 4-90

4.15　风格化类视频效果

风格化类视频效果组包含 Obsolete 效果组中的 Threshold,【过时】效果组中的【曝光过度】【浮雕】【纹理】和【风格化】效果组中的【Alpha 发光】【复制】【彩色浮雕】【查找边缘】【画笔描边】【粗糙边缘】【色调分离】【闪光灯】【马赛克】13 种视频效果，如图 4-91 所示。

Threshold：应用该效果可自动将画面转化为黑白图像。为素材添加该效果的前后对比如图 4-92 所示。

【曝光过度】：可通过参数设置来调整画面曝光的强弱。为素材添加该效果的前后对比如图 4-93 所示。

【浮雕】：会使画面产生灰色的凹凸感效果。为素材添加该效果的前后对比如图 4-94 所示。

【纹理】：可在素材表面呈现出类似贴图感的纹理效果。为素材添加该效果的前后对比如图 4-95 所示。

【Alpha 发光】：可在素材上制作出发光效果。

【复制】可将素材进行复制，从而产生大量相同的素材。为素材添加该效果的前后对比如图 4-96 所示。

图 4-91

【彩色浮雕】：可在素材上制作出彩色凹凸感效果。为素材添加该效果的前后对比如图 4-97 所示。

图 4-92

图 4-93

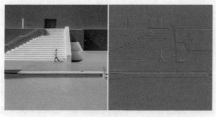

图 4-94

图 4-95

图 4-96

图 4-97

【查找边缘】：可以使画面产生类似彩色铅笔绘画的线条感。为素材添加该效果的前后对比如图 4-98 所示。

【画笔描边】：可使素材表面产生类似画笔涂鸦或水彩画的效果。为素材添加该效果的前后对比如图 4-99 所示。

图 4-98

图 4-99

【粗糙边缘】：可以将素材边缘制作出腐蚀感效果。为素材添加该效果的前后对比如图 4-100 所示。

【色调分离】：指一幅图像由紧紧相邻的渐变色阶构成。为素材添加该效果的前后对比如图 4-101 所示。

图 4-100

图 4-101

【闪光灯】：可以模拟真实闪光灯的闪烁效果。为素材添加该效果的前后对比如图 4-102 所示。

【马赛克】：可将画面自动转换为以像素块为单位拼凑的画面。为素材添加该效果的前后对比如图 4-103 所示。

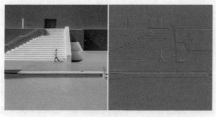

图 4-102

图 4-103

综合实例：制作拍照瞬间效果

扫一扫，看视频

文件路径：第 4 章→综合实例：制作拍照瞬间效果

本案例使用帧定格命令将素材定格，使用【高斯模糊】效果制作模糊背景，然后为素材添加【变换】和【油漆桶】工具制作拍照效果，最后为素材添加拍照瞬间的过渡效果。案例效果如图 4-104 所示。

图 4-104

（1）在菜单栏中选择【文件】→【新建】→【项目】命令创建一个项目，然后在菜单栏中选择【文件】→【导入】命令，在弹出的【导入】对话框中导入全部素材，如图 4-105 所示。

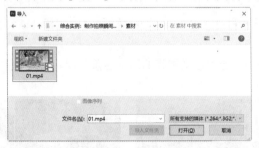

图 4-105

（2）将【项目】面板中的 01.mp4 素材文件拖曳到【时间轴】面板中，如图 4-106 所示。

（3）此时画面效果如图 4-107 所示。

图 4-106

图 4-107

（4）将时间线滑动至 4 秒的位置，右击 V1 轨道 01.mp4 素材文件，在弹出的快捷菜单中选择【添加帧定格】命令，如图 4–108 所示。

（5）选择 V1 轨道 4 秒后的定格素材，按住 Alt 键的同时按住鼠标左键向 V2 轨道拖动进行移动并复制，如图 4–109 所示。

图 4–108　　　　　　　图 4–109

（6）在【效果】面板中搜索【高斯模糊】效果，并将其拖曳到【时间轴】面板中的 V1 轨道的 4 秒后 01.mp4 素材文件上，如图 4–110 所示。

（7）在【时间轴】面板中选择 V1 轨道 4 秒后的 01.mp4 素材文件，在【效果控件】面板中展开【高斯模糊】效果，设置【模糊度】为 185.0，如图 4–111 所示。

图 4–110　　　　　　　图 4–111

（8）此时 V1 轨道 4 秒后的 01.mp4 素材文件的画面效果如图 4–112 所示。

（9）在【效果】面板中搜索【变换】效果，并将其拖曳到时间轴面板中的 V1 轨道 4 秒后的 01.mp4 素材文件上，如图 4–113 所示。

 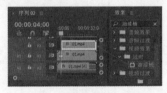

图 4–112　　　　　　　图 4–113

（10）在【效果】面板中搜索【油漆桶】效果，并将其拖曳到【时间轴】面板中的 V2 轨道的 01.mp4 素材文件上，如图 4–114 所示。

（11）在【时间轴】面板中选择 V2 轨道中的 01.mp4 素材文件，在【效果控件】面板中展开【变换】效果，将时间线滑动至 4 秒 01 帧的位置，单击【缩放】和【旋转】前方的切换动画按钮，设置【缩放】为 100.0、【旋转】为 0.0°；接着将时间线滑动至 4 秒 10 帧的位置，设置【缩放】为 59.0，【旋转】为 23.0°。展开【油漆桶】效果，设置【填充选择器】为不透明度，【描边】为描边，【描边宽度】为 20.0、【颜色】为白色，如图 4–115 所示。

图 4–114　　　　　　　图 4–115

（12）在【效果】面板中搜索【白场过渡】效果，并将其拖曳到时间轴面板中的 V1 轨道的 4 秒位置，如图 4-116 所示。

（13）选择【时间轴】面板中的【白场过渡】效果，在【效果控件】面板中设置【持续时间】为 10 帧，如图 4-117 所示。

图 4-116　　　　　　　　　图 4-117

（14）至此，本案例制作完成。滑动时间线，画面效果如图 4-118 所示。

图 4-118

综合实例：制作玻璃滑动效果

扫一扫，看视频

文件路径：第 4 章→综合实例：制作玻璃滑动效果

本案例首先复制素材并设置合适的参数，然后使用【矩形工具】绘制图形并添加合适的关键帧动画，最后为图形和素材添加【轨道遮罩】【颜色平衡】【投影】和【杂色】制作玻璃滑动效果。案例效果如图 4-119 所示。

（1）在菜单栏中选择【文件】→【新建】→【项目】命令创建一个项目，然后在菜单栏中选择【文件】→【导入】命令，在弹出的【导入】对话框中导入全部素材，如图 4-120 所示。

图 4-119　　　　　　　　　图 4-120

（2）将【项目】面板中的 1.png 素材文件拖曳到【时间轴】面板中，如图 4-121 所示。

（3）此时画面效果如图 4-122 所示。

图 4-121 图 4-122

（4）将【项目】面板中的 2.png 素材文件拖曳到【时间轴】面板 V1 轨道中 1.png 素材文件的后面，选中两个素材，右击，在弹出的快捷菜单中选择【速度 / 持续时间】命令，如图 4-123 所示。

（5）在弹出的【剪辑速度 / 持续时间】对话框中设置【持续时间】为 3 秒，选中【波纹编辑，移动尾部剪辑】复选框，如图 4-124 所示。

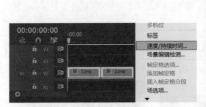

图 4-123 图 4-124

（6）选择【时间轴】面板中的 V1 轨道的两个素材文件，按住 Alt 键的同时按住鼠标左键向 V2 轨道拖动并复制，如图 4-125 所示。

（7）依次选择 V2 轨道的 1.png 和 2.png 素材，在【效果控件】面板中展开【运动】属性，并依次设置【缩放】为 139.0 和 133.0，如图 4-126 所示。

图 4-125 图 4-126

（8）将时间线滑动至起始位置，在不选中任何图层的状态下，单击【工具】面板中的【矩形工具】按钮，然后在【节目监视器】面板中绘制图形，如图 4-127 所示。

（9）选中 V3 轨道的图形图层，设置结束时间为 3 秒，如图 4-128 所示。

图 4-127 图 4-128

（10）在【效果控件】面板中展开【形状】→【变换】，将时间线滑动至起始位置，单击【位置】前方的切换动画按钮，设置【位置】为（-109.0，-49.8）；将时间线滑动至 3 秒的位置，设置【位置】为（1182.9，1071.2）、【旋转】为 -46.7°、【锚点】为（150.0，100.0），如图 4-129 所示。

（11）此时滑动时间线，画面效果如图 4-130 所示。

图 4-129　　　　　　　　　　图 4-130

（12）在【效果】面板中搜索【轨道遮罩键】效果，并将其拖曳到时间轴面板中的 V2 轨道的 1.png 素材文件上，如图 4-131 所示。

（13）在【时间轴】面板中选择 V2 轨道的 1.png 素材文件，在【效果控件】面板中展开【轨道遮罩键】效果，设置【遮罩】为视频 3，如图 4-132 所示。

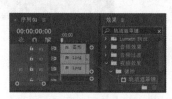

图 4-131　　　　　　　　　　图 4-132

（14）此时画面效果如图 4-133 所示。

（15）在【效果】面板中搜索【颜色平衡（HLS）】效果，并将其拖曳到时间轴面板中的 V2 轨道的 1.png 素材文件上，如图 4-134 所示。

图 4-133　　　　　　　　　　图 4-134

（16）在【时间轴】面板中选择 V2 轨道的 1.png 素材文件，在【效果控件】面板中展开【颜色平衡（HLS）】效果，设置【色相】为 -16.0°、【亮度】为 6.0、【饱和度】为 3.0，如图 4-135 所示。

（17）此时画面效果如图 4-136 所示。

图 4-135　　　　　　　图 4-136

（18）在【效果】面板中搜索【投影】效果，并将其拖曳到时间轴面板中的 V2 轨道的 1.png 素材文件上，如图 4-137 所示。

（19）在【时间轴】面板中选择 V2 轨道的 1.png 素材文件，在【效果控件】面板中展开【投影】效果，设置【阴影颜色】为白色、【不透明度】为 100%、【距离】为 0.0、【柔和度】为 15.0，如图 4-138 所示。

图 4-137　　　　　　　图 4-138

（20）将【投影】效果拖曳到 1.png 素材文件上，并在【效果控件】面板中展开【投影】效果，设置【不透明度】为 39%、【距离】为 25.0、【柔和度】为 44.0，如图 4-139 所示。

（21）此时画面效果如图 4-140 所示。

图 4-139　　　　　　　图 4-140

（22）在【效果】面板中搜索【杂色】效果，并将其拖曳到时间轴面板中的 V2 轨道的 1.png 素材文件上，如图 4-141 所示。

（23）在【时间轴】面板中选择 V2 轨道的 1.png 素材文件，在【效果控件】面板中展开【杂色】效果，设置【杂色数量】为 15.0%，如图 4-142 所示。

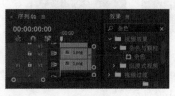

图 4-141　　　　　　　图 4-142

111

（24）此时滑动时间线，画面效果如图 4-143 所示。

（25）使用同样的方法制作素材 2.png 玻璃滑动效果，滑动时间线，画面效果如图 4-144 所示，至此，本案例制作完成。

图 4-143

图 4-144

综合实例：制作卡通描边特效

扫一扫，看视频

文件路径：第 4 章→综合实例：制作卡通描边特效

本案例使用【剪辑速度 / 持续时间】对话框调整素材持续时间，然后使用【查找边缘】【变换】【色彩】【Alpha 发光】效果制作卡通描边效果。案例效果如图 4-145 所示。

（1）在菜单栏中选择【文件】→【新建】→【项目】命令创建一个项目，然后在菜单栏中选择【文件】→【导入】命令，在弹出的【导入】对话框中导入全部素材，如图 4-146 所示。

图 4-145

图 4-146

（2）将【项目】面板中的 1.png 素材文件拖曳到时间轴面板中，如图 4-147 所示。

（3）此时画面效果如图 4-148 所示。

图 4-147

图 4-148

（4）选择 V1 轨道中的 1.png 素材文件，使用快捷键 Ctrl+R 打开【剪辑速度 / 持续时间】对话框，设置【持续时间】为 1 秒 20 帧，如图 4-149 所示。

（5）将时间线滑动至 15 帧的位置，选择 V1 轨道中的 1.png 素材文件，使用快捷键 Ctrl+K 进行分割，如图 4-150 所示。

图 4-149　　　　　　　　　　图 4-150

（6）将时间线滑动至 1 秒 10 帧的位置，使用快捷键 Ctrl+K 分割 1.png 素材文件，如图 4-151 所示。

（7）选择【时间轴】面板中的 V1 轨道 15 帧后面的 1.png 素材文件，按住 Alt 键和鼠标左键向 V2 轨道进行拖动并复制，如图 4-152 所示。

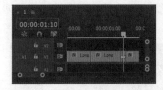

图 4-151　　　　　　　　　　图 4-152

（8）选择 V2 轨道中的 1.png 素材文件，在【效果控件】面板中展开【不透明度】属性，设置【混合模式】为线性减淡（添加），如图 4-153 所示。

（9）此时画面效果如图 4-154 所示。

图 4-153　　　　　　　　　　图 4-154

（10）在【效果】面板中搜索【查找边缘】效果，并将其拖曳到【时间轴】面板中的 V2 轨道的 1.png 素材文件上，如图 4-155 所示。

（11）在【时间轴】面板中选择 V2 轨道中的 1.png 素材文件，在【效果控件】面板中展开【查找边缘】效果，选中【反转】复选框，如图 4-156 所示。

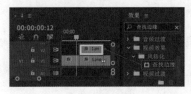 

图 4-155　　　　　　　　　　图 4-156

（12）此时画面效果如图 4-157 所示。

（13）在【效果】面板中搜索【变换】效果，并将其拖曳到【时间轴】面板中的 V2 轨道的 1.png 素材文件上，如图 4-158 所示。

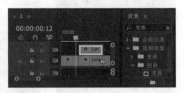

图 4-157   图 4-158

（14）在【时间轴】面板中选择 V2 轨道中的 1.png 素材文件，在【效果控件】面板中展开【变换】效果，将时间线滑动至 15 帧的位置，单击【缩放】和【不透明度】左侧的切换动画按钮，设置【缩放】为 100.0、【不透明度】为 0.0；将时间线滑动至 20 帧的位置，设置【不透明度】为 100.0；将时间线滑动至 1 秒 07 帧的位置，设置【缩放】为 166.0、【不透明度】为 0.0、【快门角度】为 135.00，如图 4-159 所示。

（15）选择【缩放】的两个关键帧，右击，在弹出的快捷菜单中选择【贝塞尔曲线】命令，如图 4-160 所示。

图 4-159   图 4-160

（16）在【效果】面板中搜索【色彩】效果，并将其拖曳到【时间轴】面板中的 V2 轨道的 1.png 素材文件上，如图 4-161 所示。

（17）在【时间轴】面板中选择 V2 轨道中的 1.png 素材文件，在【效果控件】面板中展开【色彩】效果，设置【将白色映射到】为橘红色，如图 4-162 所示。

图 4-161   图 4-162

（18）此时画面效果如图 4-163 所示。

（19）在【效果】面板中搜索【Alpha 发光】效果，并将其拖曳到【时间轴】面板中的 V2 轨道的 1.png 素材文件上，如图 4-164 所示。

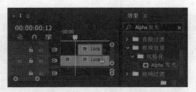

图 4-163　　　　　　　　　　图 4-164

（20）在【时间轴】面板中选择 V2 轨道中的 1.png 素材文件，在【效果控件】面板中展开【Alpha 发光】效果，设置【发光】为 99、【起始颜色】为红色、【结束颜色】为深红色，如图 4-165 所示。

（21）此时滑动时间线，画面效果如图 4-166 所示。

图 4-165　　　　　　　　　　图 4-166

（22）使用同样的方法将【项目】面板中的 2.png、3.png 和 4.png 拖曳到 V1 轨道上，设置合适的持续时间并进行分割及添加动画效果，此时滑动时间线，画面效果如图 4-167 所示。

（23）在【效果】面板中搜索【交叉溶解】效果，并将其拖曳到【时间轴】面板中的 V1 轨道的 1.png 素材文件的起始位置，如图 4-168 所示。

图 4-167　　　　　　　　　　图 4-168

（24）在【时间轴】面板中选择 V1 轨道中的【交叉溶解】效果，在【效果控件】面板中展开【交叉溶解】效果，设置【持续时间】为 10 帧，如图 4-169 所示。

（25）使用同样的方法将【交叉溶解】过渡效果拖曳到其他素材之间，并设置合适的【持续时间】，如图 4-170 所示。

（26）此时滑动时间线，画面效果如图 4-171 所示。

（27）将时间线滑动到起始位置，将【项目】面板中的"配乐 .mp3"

图 4-169

素材文件拖曳到【时间轴】面板中的 A1 轨道上，如图 4-172 所示。

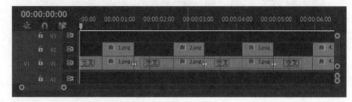

图 4-170

图 4-171

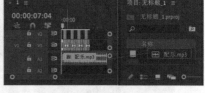

图 4-172

（28）将时间线滑动至 7 秒 04 帧的位置，选择 A1 轨道中的"配乐 .mp3"素材，使用快捷键 Ctrl+K 进行分割，选择时间线后面的素材文件，按 Delete 键删除，如图 4-173 所示。

（29）至此，本案例制作完成。滑动时间线，此时画面效果如图 4-174 所示。

图 4-173

图 4-174

4.16 课堂演练：制作消散特效

扫一扫，看视频

文件路径：第 4 章→课堂演练：制作消散特效

本案例主要使用【蒙版】对素材抠像，然后制作消散效果。案例效果如图 4-175 所示。

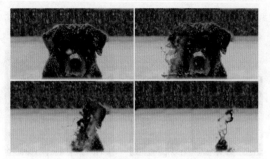

图 4-175

（1）在菜单栏中选择【文件】→【新建】→【项目】命令创建一个项目，然后在菜单栏中选择【文件】→【导入】命令，在弹出的【导入】对话框中导入全部素材，如图 4-176 所示。

（2）将【项目】面板中的 01.mp4 素材文件拖曳到【时间轴】面板中，如图 4-177 所示。

（3）在【时间轴】面板中按住 Alt 键的同时单击 A1 轨道中的音频素材，接着按 Delete 键删除，如图 4-178 所示。

图 4-176

图 4-177

图 4-178

（4）此时画面效果如图 4-179 所示。

（5）将时间线滑动至 4 秒的位置，选择 V1 轨道中的 01.mp4 素材文件，使用快捷键 Ctrl+K 进行分割，选择时间线后面的素材，按 Delete 键删除，如图 4-180 所示。

图 4-179

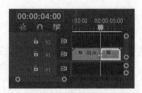

图 4-180

（6）选择【时间轴】面板中 V1 轨道中的素材文件，按住 Alt 键和鼠标左键向 V2 轨道进行拖动并复制，如图 4-181 所示。

（7）选择 V2 轨道中的 01.mp4 素材，在【效果控件】面板中展开【运动】效果，设置【位置】为（2474.0，540.0）；展开【不透明度】效果，单击【创建4点多边形蒙版】按钮，设置【蒙版羽化】为52.0，如图4-182所示。

图 4-181　　　　　　　　图 4-182

（8）在【节目监视器】面板中调整蒙版的形状，如图4-183所示。

（9）选择【时间轴】面板中V1轨道中的素材文件，按住Alt键和鼠标左键向V3轨道拖动并复制，如图4-184所示。

图 4-183　　　　　　　　图 4-184

（10）选择V3轨道中的01.mp4素材文件，在【效果控件】面板中展开【运动】效果，设置【位置】为（1391.0，540.0）；展开【不透明度】效果，单击【创建4点多边形蒙版】按钮，设置【蒙版羽化】为52.0，如图4-185所示。

（11）在【节目监视器】面板中调整蒙版的形状，如图4-186所示。

图 4-185　　　　　　　　图 4-186

（12）使用同样的方法将01.mp4素材文件复制两份，并设置合适的参数，此时画面效果如图4-187所示。

（13）选择V1~V5轨道中的素材图层，右击，在弹出的快捷菜单中选择【嵌套】命令，在弹出的【嵌套序列名称】对话框中设置【名称】为背景，然后单击【确定】按钮，如图4-188所示。

（14）将【项目】面板中的01.mp4素材文件拖曳到【时间轴】面板中的V2轨道上，如图4-189所示。

（15）选择V2轨道中的01.mp4素材文件，将时间线滑动至起始位置，在【效果控件】面板中展开【不透明度】效果，单击【自由绘制贝塞尔曲线】按钮，设置【蒙版羽化】为48.0，然后单击【蒙版路径】前面的切换动画按钮，如图4-190所示。

图 4-187　　　　　　　　　　　图 4-188

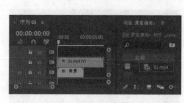

图 4-189　　　　　　　　　　　图 4-190

（16）在【节目监视器】面板中绘制蒙版，如图 4-191 所示。

（17）将时间线滑动至 3 秒 40 帧的位置，在【节目监视器】面板中调整蒙版的形状，如图 4-192 所示。

（18）将时间线滑动至 4 秒的位置，在【节目监视器】面板中调整蒙版的形状，如图 4-193 所示。

图 4-191　　　　　　　　　　图 4-192　　　　　　　　　　图 4-193

（19）选择 V2 和 V3 轨道中的素材文件，右击，在弹出的快捷菜单中选择【嵌套】命令，在弹出的【嵌套序列名称】对话框中设置【名称】为"狗"，单击【确定】按钮，将时间线滑动至 20 帧的位置，设置 V2 轨道嵌套序列"狗"的结束时间为 20 帧，如图 4-194 所示。

（20）此时画面效果如图 4-195 所示。

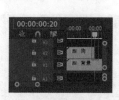

图 4-194　　　　　　　　　　图 4-195

（21）将时间线滑动至 20 帧，选择 V2 轨道中的嵌套序列"狗"，按住 Alt 键和鼠标左键向 V3 轨道拖动并复制，如图 4-196 所示。

（22）选择 V3 轨道中的嵌套序列，将时间线滑动至 20 帧的位置，在【效果控件】面板中展开【不透明度】，单击【创建 4 点多边形蒙版】按钮，设置【蒙版羽化】为 107.0，勾选【已反转】复选框，然后单击【蒙版路径】前面的切换动画按钮，如图 4-197 所示。

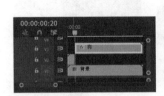
图 4-196

图 4-197

（23）在【节目监视器】面板中调整蒙版的形状，如图 4-198 所示。

（24）将时间线滑动至 3 秒的位置，在【节目监视器】面板中调整蒙版形状，如图 4-199 所示。

图 4-198

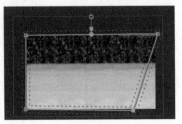
图 4-199

（25）滑动时间线，此时画面效果如图 4-200 所示。

（26）使用同样的方法制作嵌套序列【1】【2】【消散】和【粒子】，此时【时间轴】面板如图 4-201 所示。

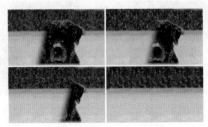
图 4-200

图 4-201

（27）滑动时间线，此时画面效果如图 4-202 所示。

（28）在【效果】面板中搜索【Lumetri 颜色】效果，并将其拖曳到【时间轴】面板中的 V7 轨道的【粒子】嵌套序列上，如图 4-203 所示。

图 4-202

图 4-203

（29）选择 V7 轨道中的粒子嵌套序列，在【效果控件】面板中展开【Lumetri 颜色】→【基本校正】，展开【灯光】效果，设置【曝光】为 2.2；展开【曲线】→【RGB 曲线】，单击【RGB 通道】，在曲线上添加控制点调整曲线的形状，如图 4-204 所示。

（30）至此，本案例制作完成。滑动时间线，画面效果如图 4-205 所示。

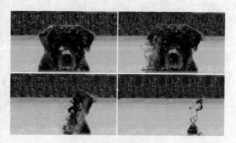

图 4-204　　　　　　　　　　　　图 4-205

4.17　随堂测试

1. 知识考察

为素材添加相应的效果，制作特效。

2. 实战演练

参考给定的作品，制作"偏移滑动"动画特效。

参考效果	可用工具
	偏移效果、关键帧动画

3. 项目实操

制作一个"漫画感"风格的视频。

要求：

（1）使用任意视频素材。

（2）应用【查找边缘】等效果将视频调整为漫画风格。

常用视频过渡效果

第 5 章

🔊 学时安排

总学时：4 学时

理论学时：1 学时

实践学时：3 学时

🔊 教学内容概述

视频过渡效果既可针对两个素材的衔接进行效果处理，也可针对一个素材的首尾部分进行过渡处理。本章将讲解视频过渡效果的操作流程、各个过渡效果组的使用方法及视频过渡效果在实战中的综合运用等。

🔊 教学目标

- ●认识视频过渡效果
- ●掌握添加或删除视频过渡效果的操作
- ●掌握视频过渡的常用效果

5.1 认识视频过渡效果

在影片制作中，视频过渡效果具有至关重要的作用，它可将两段素材更好地融合衔接。下面一起学习 Premiere Pro 中的视频过渡效果。

5.1.1 什么是视频过渡效果

视频过渡效果也可以称为视频转场或视频切换，主要用于素材与素材之间的画面场景切换。在影视制作中，通常将视频过渡效果添加到两个素材之间，在播放时可产生相对平缓或连贯的视觉效果，可以吸引观众眼球，增强画面氛围感，如图 5-1 所示。

在操作视频过渡效果时需要应用【效果】面板和【效果控件】面板，如图 5-2 和图 5-3 所示。

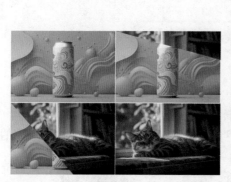

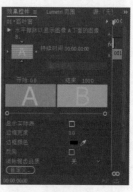

图 5-1　　　　　　图 5-2　　　　　　图 5-3

△ 技巧提示: 如何快速找到视频过渡效果?

在【效果】面板的搜索框中直接输入想要添加的过渡效果，可以快速搜索到该效果，在一定程度上可节约操作时间，如图 5-4 所示。

图 5-4

5.1.2 编辑转场效果

为素材添加过渡效果后若想对该效果进行编辑，可在【时间轴】面板中单击选择该效果，然后在【效果控件】面板中会显示该效果的一系列参数，从中可编辑该过渡效果的【持续时间】【对齐】【显示实际源】【边框宽度】【边框颜色】【反向】【消除锯齿品质】等，如图 5-5 所示。注意，不同的转场效果其参数也不同。

图 5-5

5.2 过时类过渡效果

过时类过渡效果可将相邻的两个素材进行层次划分，实现从二维到三维的过渡转变。该效果组下包括【渐变擦除】【立方体旋转】和【翻转】三种过渡效果，如图 5-6 所示。

【渐变擦除】：在播放时素材 A 逐渐淡化直到完全显现出素材 B。为素材添加该效果的画面如图 5-7 所示。

图 5-6　　　　　　　　　　　图 5-7

【立方体旋转】：可使素材在过渡时显现空间立方体效果。为素材添加该效果的画面如图 5-8 所示。

【翻转】：以中心为垂直轴线，素材 A 逐渐翻转隐去，渐渐显示出素材 B。为素材添加该效果的画面如图 5-9 所示。

图 5-8

图 5-9

🔔 技巧提示: 改变视频过渡的速度和时间。

为素材添加转场效果后,用鼠标左键单击视频轨道 V1 中的转场效果的末端,并向右侧拖动,如图 5-10 所示。松开鼠标,此时会发现转场的时间变长了,转场速度变慢了,如图 5-11 所示。

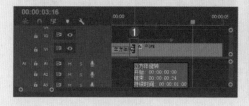

图 5-10

图 5-11

5.3　划像类过渡效果

划像类过渡效果是将素材 A 进行伸展,逐渐切换到素材 B。其中包括【交叉划像】【圆划像】【盒形划像】【菱形划像】4 种特效,如图 5-12 所示。

【交叉划像】:素材 A 从中间分裂,逐渐向四角伸展直至显示出素材 B。为素材添加该效果的画面如图 5-13 所示。

【圆划像】:素材 B 以圆形的呈现方式逐渐扩大,直到完全显现出素材 B。为素材添加该效果的画面如图 5-14 所示。

【盒形划像】:素材 B 以矩形形状逐渐扩大到素材 A 画面中,直到完全显现出素材 B。为素材添加该效果的画面如图 5-15 所示。

【菱形划像】:素材 B 以菱形形状逐渐出现在素材 A 上并逐渐扩大,直到素材 B 占据整个画面。为素材添加该效果的画面如图 5-16 所示。

图 5-12

125

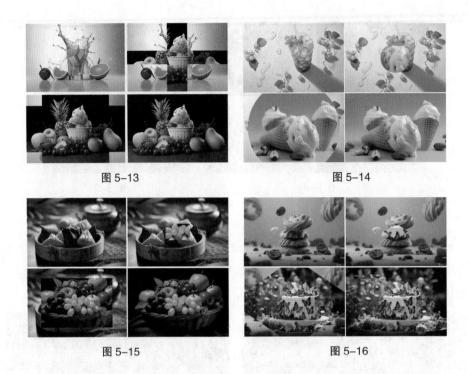

图 5-13   图 5-14

图 5-15   图 5-16

5.4　擦除类过渡效果

　　擦除类过渡效果可使两个素材呈现擦拭过渡的画面效果。其中包括 Inset(插入)、【划出】【双侧平推门】【带状擦除】【径向擦除】【时钟式擦除】【棋盘】【棋盘擦除】【楔形擦除】【水波块】【油漆飞溅】【百叶窗】【螺旋框】【随机块】【随机擦除】【风车】16 种特效,如图 5-17 所示。

　　Inset：素材 B 从素材 A 的左上角慢慢延伸到画面中，直至覆盖整个画面。为素材添加该效果的画面如图 5-18 所示。

　　【划出】：素材 A 从左到右逐渐划出直到消失并显现出素材 B。为素材添加该效果的画面如图 5-19 所示。

　　【双侧平推门】：素材 A 从中间向两边推去逐渐显现出素材 B，直到素材 B 填满整个画面。为素材添加该效果的画面如图 5-20 所示。

　　【带状擦除】：素材 B 以条状形态出现在画面两侧，由两侧向中间不断运动，直至素材 A 消失。为素材添加该效果的画面如图 5-21 所示。

　　【径向擦除】：以左上角为中心点,顺时针擦除素材 A 并逐渐显现出素材 B。为素材添加该效果的画面如图 5-22 所示。

　　【时钟式擦除】：素材 A 以时钟转动的方式进行画面旋转擦除，直到完全显现出素材 B。为素材添加该效果的画面如图 5-23 所示。

图 5-17

图 5-18 图 5-19

图 5-20 图 5-21

图 5-22 图 5-23

【棋盘】：素材 B 以方块的形式逐渐显现在素材 A 上方，直到素材 A 完全被素材 B 覆盖。为素材添加该效果的画面如图 5-24 所示。

【棋盘擦除】：素材 B 以棋盘的形式进行画面擦除。为素材添加该效果的画面如图 5-25 所示。

图 5-24

图 5-25

【楔形擦除】：素材 B 以扇形形状逐渐呈现在素材 A 中，直到素材 A 被素材 B 完全覆盖。为素材添加该效果的画面如图 5-26 所示。

【水波块】：素材 A 以水波形式横向擦除，直到画面完全显现出素材 B。为素材添加该效果的画面如图 5-27 所示。

图 5-26

图 5-27

【油漆飞溅】：素材 B 以油漆点状呈现在素材 A 上方，直到素材 B 覆盖整个画面。为素材添加该效果的画面如图 5-28 所示。

【百叶窗】：模拟真实百叶窗拉动的动态效果，以百叶窗的形式由素材 A 逐渐过渡到素材 B。为素材添加该效果的画面如图 5-29 所示。

图 5-28

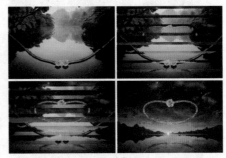

图 5-29

【螺旋框】：素材 B 以螺旋块状形态逐渐呈现在素材 A 中。为素材添加该效果的画面如图 5-30 所示。

【随机块】：素材 B 以多个方块形状呈现在素材 A 上方。为素材添加该效果的画面如图 5-31 所示。

图 5-30

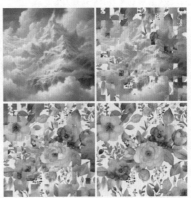

图 5-31

【随机擦除】：素材 B 由上到下以随机方块的形式擦除素材 A。为素材添加该效果的画面如图 5-32 所示。

【风车】：可模拟风车旋转的擦除效果。素材 B 以风车旋转叶片的形式逐渐出现在素材 A 中，直到素材 A 被素材 B 全部覆盖。为素材添加该效果的画面如图 5-33 所示。

图 5-32

图 5-33

5.5　沉浸式视频类过渡效果

沉浸式视频类过渡效果可将两个素材的画面以沉浸的方式进行过渡。其中包括【VR 光圈擦除】【VR 光线】【VR 渐变擦除】【VR 漏光】【VR 球形模糊】【VR 色度泄漏】【VR 随机块】【VR 默比乌斯缩放】8 种效果，如图 5-34 所示。注意，这些过渡效果需要用 GPU 加速，可使用 VR 头戴设备体验。

图 5-34

5.6　溶解类视频过渡效果

溶解类视频过渡效果可将画面从素材 A 逐渐过渡到素材 B 中，过渡效果自然柔和。其中包括 MorphCut、【交叉溶解】【叠加溶解】【白场过渡】【胶片溶解】【非叠加溶解】【黑场过渡】7 种过渡效果，如图 5-35 所示。

MorphCut：可修复素材之间的跳帧现象。

【交叉溶解】：可使素材 A 的结束部分与素材 B 的开始部分交叉叠加，直到完全显现出素材 B。为素材添加该效果的画面如图 5-36 所示。

【叠加溶解】：可使素材 A 的结束部分与素材 B 的开始部分叠加，并且在过渡的同时会对画面色调及亮度进行调整。为素材添加该效果的画面如图 5-37 所示。

【白场过渡】：可使素材 A 逐渐变为白色，再由白色逐渐过渡到素材 B 中。为素材添加该效果的画面如图 5-38 所示。

【胶片溶解】：可使素材 A 的透明度逐渐降低，直到完全显现出素材 B。

图 5-35

为素材添加该效果的画面如图 5-39 所示。

【非叠加溶解】：素材 B 中较明亮的部分将直接叠加到素材 A 的画面中。为素材添加该效果的画面如图 5-40 所示。

【黑场过渡】：可使素材 A 逐渐变为黑色，再由黑色逐渐过渡到素材 B 中。为素材添加该效果的画面如图 5-41 所示。

图 5-36　　　　　　　　　　　　　　图 5-37

图 5-38　　　　　　　　　　　　　　图 5-39

图 5-40　　　　　　　　　　　　　　图 5-41

5.7　内滑类视频过渡效果

内滑类视频过渡效果主要通过画面滑动来进行素材 A 和素材 B 的过渡切换。其中包括 Center Split（中心拆分）、Split（拆分）、【内滑】【带状内滑】【急摇】【推】6 种效果，如图 5-42 所示。

Center Split：可将素材 A 切分成 4 部分，分别向画面 4 角处移动，直到移出画面并显现出素材 B。为素材添加该效果的画面如图 5–43 所示。

图 5–42   图 5–43

Split：素材 A 从中间分开向两侧滑动并逐渐显现出素材 B。为素材添加该效果的画面如图 5–44 所示。

【内滑】：素材 B 由左向右进行推动，直到完全覆盖素材 A。为素材添加该效果的画面如图 5–45 所示。

图 5–44   图 5–45

【带状内滑】：素材 B 以细长条形状覆盖在素材 A 上方，并由左、右两侧向中间滑动。为素材添加该效果的画面如图 5–46 所示。

【急摇】：素材 A 移至左侧或左右晃动中显现素材 B

【推】：素材 B 由左向右进入画面，直到完全覆盖素材 A。为素材添加该效果的画面如图 5–47 所示。

图 5–46   图 5–47

5.8　缩放类视频过渡效果

　　缩放类视频过渡效果可将素材 A 和素材 B 以缩放的形式进行画面过渡。其中只包括【交叉缩放】过渡效果，如图 5-48 所示。

　　【交叉缩放】：素材 A 不断地放大直到移出画面，同时素材 B 由大到小进入画面。为素材添加该效果的画面如图 5-49 所示。

图 5-48　　　　　　　　　　　图 5-49

5.9　页面剥落类视频过渡效果

　　页面剥落类视频过渡效果通常应用在表现空间及时间的画面场景中。其中包括【翻页】和【页面剥落】两种视频效果，如图 5-50 所示。

　　【翻页】：素材 A 以翻页的形式进行过渡，卷起时背面为透明状态，直到完全显示出素材 B。为素材添加该效果的画面如图 5-51 所示。

　　【页面剥落】：素材 A 以翻页的形式过渡到素材 B 中，卷起时背面为不透明状态，直到完全显示出素材 B。为素材添加该效果的画面如图 5-52 所示。

图 5-50

图 5-51　　　　　　　　　　　　图 5-52

综合实例：制作百叶窗转场

文件路径：第 5 章→综合实例：制作百叶窗转场

本案例首先调整素材的持续时间，然后为素材之间添加【百叶窗】过渡效果，扫一扫，看视频
使画面产生百叶窗转场效果。案例效果如图 5-53 所示。

图 5-53

（1）在菜单栏中选择【文件】→【新建】→【项目】命令创建一个项目，然后在菜单栏中选择
【文件】→【导入】命令，在弹出的【导入】对话框中导入全部素材，如图 5-54 所示。

图 5-54

（2）将【项目】面板中的 1.mp4 素材文件拖曳到【时间轴】面板中，如图 5-55 所示。

（3）将时间线滑动至 2 秒的位置，选择 V1 轨道中的 1.mp4 素材文件，用快捷键 Ctrl+K 进
行裁剪，然后选择时间线后面的素材，按 Delete 键进行删除，如图 5-56 所示。

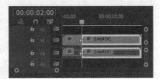

图 5-55　　　　　　　　　图 5-56

（4）此时画面效果如图 5-57 所示。

图 5-57

133

（5）将【项目】面板中的 2.mp4、3.mp4 和 4.mp4 素材文件拖曳到【时间轴】面板中的 V1 轨道上，如图 5-58 所示。

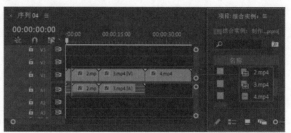

图 5-58

（6）在【时间轴】面板中选择 V1 轨道中的 2.mp4、3.mp4 和 4.mp4 素材文件，使用组合键 Ctrl+R 打开【剪辑速度 / 持续时间】对话框，设置【持续时间】为 2 秒，选中【波纹编辑，移动尾部剪辑】复选框，单击【确定】按钮，如图 5-59 所示。

（7）此时滑动时间线，画面效果如图 5-60 所示。

图 5-59

图 5-60

（8）在【效果】面板中搜索【百叶窗】效果，并将其拖曳到【时间轴】面板中的 V1 轨道的 2.mp4 素材文件的起始位置，如图 5-61 所示。

（9）此时画面效果如图 5-62 所示。

（10）使用同样方法在 3.mp4 和 4.mp4 素材文件的起始位置添加【百叶窗】过渡效果，如图 5-63 所示。

（11）至此，本案例制作完成。滑动时间线，画面效果如图 5-64 所示。

图 5-61

图 5-62

图 5-63

图 5-64

综合实例：制作翻页转场

文件路径：第 5 章→综合实例：制作翻页转场

本案例使用【剪辑速度 / 持续时间】对话框调整素材持续时间，然后为素材添加【页面剥落】效果制作翻页转场效果。案例效果如图 5-65 所示。

扫一扫，看视频

（1）在菜单栏中选择【文件】→【新建】→【项目】命令创建一个项目，然后在菜单栏中选择【文件】→【导入】命令，在弹出的【导入】对话框中导入全部素材，如图 5-66 所示。

图 5-65

图 5-66

（2）将【项目】面板中的 1.mp4 素材文件拖曳到【时间轴】面板中，如图 5-67 所示。

（3）此时画面效果如图 5-68 所示。

图 5-67

图 5-68

（4）将【项目】面板中的 2.mp4 和 3.mp4 素材文件拖曳到【时间轴】面板中的 V1 轨道上，如图 5-69 所示。

（5）在【时间轴】面板中选择 V1 轨道中的所有素材文件，使用快捷键 Ctrl+R 打开【剪辑速度 / 持续时间】对话框，并设置【持续时间】为 2 秒，选中【波纹编辑，移动尾部剪辑】复选框，单击【确定】按钮，如图 5-70 所示。

（6）此时滑动时间线，画面效果如图 5-71 所示。

（7）在【效果】面板中搜索【页面剥落】效果，并将其拖曳到时间轴面板中的 V1 轨道的 2.mp4 素材文件的起始位置，如图 5-72 所示。

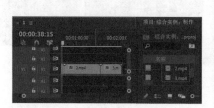

图 5-69　　　　　　　　　　图 5-70

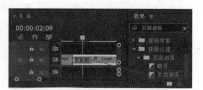

图 5-71　　　　　　　　　　图 5-72

（8）选择添加的【页面剥落】效果，在【效果控件】面板中展开【页面剥落】效果，设置【持续时间】为 15 帧，如图 5-73 所示。

（9）此时滑动时间线，画面效果如图 5-74 所示。

图 5-73　　　　　　　　　　图 5-74

（10）在【效果】面板中搜索【页面剥落】效果，并将其拖曳到【时间轴】面板中的 V1 轨道的 3.mp4 素材文件的起始位置，如图 5-75 所示。

（11）至此，本案例制作完成。滑动时间线，画面效果如图 5-76 所示。

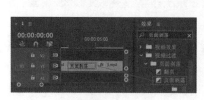

图 5-75　　　　　　　　　　图 5-76

5.10　课堂演练：制作唯美风格的 Vlog 转场

扫一扫，看视频

文件路径：第 5 章→课堂演练：制作唯美风格的 Vlog 转场

本案例首先使用【剪辑速度 / 持续时间】更改素材的持续时间，接着在两个素材之间添加合适的过渡效果制作唯美风格的 Vlog 转场。案例效果如图 5-77 所示。

图 5-77

（1）在菜单栏中选择【文件】→【新建】→【项目】命令创建一个项目，然后在菜单栏中选择【文件】→【导入】命令，在弹出的【导入】对话框中导入全部素材，如图 5-78 所示。

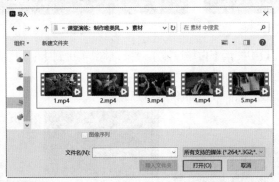

图 5-78

（2）将【项目】面板中的 1.mp4 素材文件拖曳到【时间轴】面板中，如图 5-79 所示，此时自动生成一个与 1.mp4 素材文件等大的序列。

（3）此时画面效果如图 5-80 所示。

图 5-79   图 5-80

（4）将【项目】面板中的 2.mp4、3.mp4、4.mp4 和 5.mp4 素材文件拖曳到【时间轴】面板中的 V1 轨道中，如图 5-81 所示。

图 5-81

（5）在【时间轴】面板中选择 V1 轨道的所有素材文件，使用快捷键 Ctrl+R 打开【剪辑速度 / 持续时间】对话框并设置【持续时间】为 2 秒，选中【波纹编辑，移动尾部剪辑】复选框，单击【确定】按钮，如图 5-82 所示。

（6）此时滑动时间线，画面效果如图 5-83 所示。

图 5-82   图 5-83

（7）在【效果】面板中搜索【白场过渡】效果，将其拖曳到【时间轴】面板中的 V1 轨道的 1.mp4 素材文件的起始位置，如图 5-84 所示。

（8）此时滑动时间线，画面效果如图 5-85 所示。

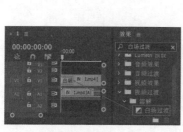

图 5-84   图 5-85

138

（9）将时间线滑动至 2 秒的位置，在【时间轴】面板中不选中任何素材的状态下，使用快捷键 Ctrl+D，在 1.mp4、2.mp4 素材文件之间添加默认的过渡效果，如图 5-86 所示。

（10）也可以在【效果】面板中搜索【交叉溶解】效果，并将其拖曳到时间轴面板中的 V1 轨道的 3.mp4 素材文件的起始位置，如图 5-87 所示。

 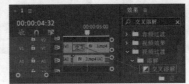

图 5-86   图 5-87

（11）此时滑动时间线，画面效果如图 5-88 所示。

（12）使用同样方法添加其他过渡效果，滑动时间线，画面效果如图 5-89 所示。

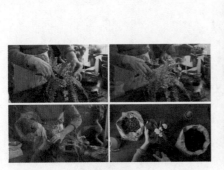   

图 5-88   图 5-89

5.11 随堂测试

1. 知识考察

使用过渡效果使素材之间能够更好地衔接。

2. 实战演练

参考给定作品，通过几张婚纱照片制作甜蜜时刻转场效果。

参考效果	可用工具
![参考效果]	胶片溶解、圆划像等

参考效果	可用工具
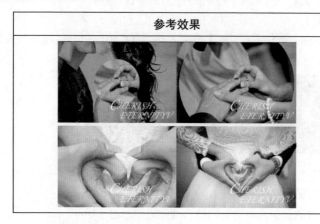	胶片溶解、圆划像等

3. 项目实操

以"旅行"为主题制作一个视频。

要求：

（1）主题鲜明，具有一定的艺术性。

（2）可以使用照片或视频作为素材。

（3）可应用任意的过渡类视频效果使素材之间产生更好的过渡效果。

关键帧动画

第 **6** 章

🔊 **课程学时**

总学时：6 学时

理论学时：1 学时

实践学时：5 学时

🔊 **教学内容概述**

动画是一门综合艺术，它融合了绘画、动漫、电影、数字媒体、摄影、音乐、文学等艺术形式，可以给观众带来更多的视觉体验。在 Premiere Pro 中，可以为图层添加关键帧动画，生成基本的位置、缩放、旋转、不透明度等动画效果，还可以为已经添加效果的素材设置关键帧动画，使效果产生变化。

🔊 **教学目标**

● 认识关键帧

● 了解创建关键帧和删除关键帧的操作

● 了解复制和粘贴关键帧的操作

● 掌握关键帧在动画制作中的应用

6.1　认识关键帧

关键帧动画是指通过为素材的不同时刻设置不同的属性，使动画产生变换效果。

帧是动画中的单幅影像画面，是最小的计量单位。影片是由一张张连续的图片组成的，每幅图片就是一帧，PAL 制式为每秒 25 帧，NTSC 制式为每秒 30 帧，而关键帧是指动画上关键的时刻，至少有两个关键时刻才能构成动画，如图 6-1 和图 6-2 所示。可以通过设置动作、效果、音频及多种其他属性参数使画面形成连贯的动画效果。

图 6-1

图 6-2

综合实例：为素材设置关键帧动画

扫一扫，看视频

文件路径：第 6 章→综合实例：为素材设置关键帧动画

本案例主要是为素材的【位置】属性添加关键帧，使素材产生位置移动的动画，然后为素材添加投影效果。案例效果如图 6-3 所示。

（1）在菜单栏中选择【文件】→【新建】→【项目】命令创建一个项目，然后在菜单栏中选择【文件】→【导入】命令，在弹出的【导入】对话框中导入全部素材，如图 6-4 所示。

图 6-3

图 6-4

（2）将【项目】面板中的 1.png 素材文件拖曳到【时间轴】面板中，如图 6-5 所示，此时自动生成一个与 1.png. 素材相同尺寸的序列。

（3）此时画面效果如图 6-6 所示。

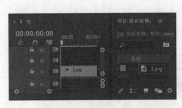

图 6-5　　　　　　　　　　　　图 6-6

（4）在【时间轴】面板中选择 1.png 素材文件，将时间线移动到起始帧，然后在【效果控件】面板中激活【缩放】【旋转】和【不透明度】前面的◎（切换动画）按钮，创建关键帧，当◎按钮变为蓝色时关键帧开启。接着设置【缩放】为 400.0、【旋转】为 0.0、【不透明度】为 0.0%，如图 6-7 所示。将时间线滑动到第 3 秒的位置，设置【缩放】为 110、【旋转】为 360.0°、【不透明度】为 100%。此时画面呈现动画效果，如图 6-8 所示。需要注意的是，当操作中出现"激活【不透明度】前面的◎（切换动画）按钮"时，表示此时的不透明度属性是需要被激活的状态，单击将◎变为蓝色。若已经被激活则无须单击；若未被激活，则需要单击进行激活。

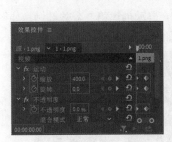

图 6-7　　　　　　　　　　　　图 6-8

6.2　创建关键帧

关键帧动画常用于影视制作、微电影、广告等动态设计中。在 Premiere Pro 中创建关键帧的方法主要有三种，可在【效果控件】面板中单击【切换动画】按钮添加关键帧、使用【添加 / 移除关键帧】按钮添加关键帧或在【节目监视器】中直接创建关键帧。

6.2.1　单击【切换动画】按钮添加关键帧

在【效果控件】面板中，每个属性前都有◎按钮，单击该按钮即可启用关键帧，此时【切换动画】按钮变为蓝色◎，再次单击该按钮，则会关闭该属性的关键帧，此时【切换动画】按钮变为灰色◎。在创建关键帧时，需要在相同属性的位置上添加两个以上关键帧，画面才会呈现出动画效果。

（1）先打开 Premiere Pro 软件，新建项目和序列并导入合适的图片。将图片拖曳到【时间轴】

面板中，如图 6-9 所示。选择【时间轴】面板中的素材，在【效果控件】面板中将时间线滑动到合适位置，更改所选属性的参数。以【旋转】属性为例，单击【旋转】属性前的■按钮，即可创建第 1 个关键帧，如图 6-10 所示。

图 6-9

（2）滑动时间线，然后更改属性的参数，此时会自动创建第 2 个关键帧，如图 6-11 所示。此时按键盘空格键播放动画，即可看到动画效果，如图 6-12 所示。

图 6-10　　　　　　　　　　图 6-11

6.2.2　使用【添加 / 移除关键帧】按钮添加关键帧

（1）在【效果控件】面板中将时间线滑动到合适位置，单击【位置】属性前的■按钮，即可创建第 1 个关键帧，如图 6-13 所示。此时该属性后会显示◇（添加 / 删除关键帧）按钮。

（2）将时间线继续滑动到其他位置，单击◇按钮，即可手动创建第 2 个关键帧，如图 6-14 所示。此时该属性的参数与第 1 个关键帧的参数一致，若需要更改，则直接更改参数即可。

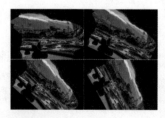

图 6-12

图 6-13　　　　　　　　　图 6-14

6.2.3 在【节目监视器】中添加关键帧

（1）在【效果控件】面板中将时间线移动到合适的位置，然后单击【缩放】属性前面的 ⏱ 按钮，此时会自动创建关键帧，如图 6-15 所示。效果如图 6-16 所示。

图 6-15　　　　　　　　　　　　　　　　　图 6-16

（2）移动时间线位置，在【节目监视器】中选中该素材，双击，此时素材周围出现控制点，如图 6-17 所示。将鼠标指针放置在控制点上，按住鼠标左键缩放素材，如图 6-18 所示，此时在【效果控件】面板中的时间线上自动创建关键帧，如图 6-19 所示。

图 6-17

图 6-18　　　　　　　　　　　　　　　图 6-19

🔔 技巧提示：为添加的效果添加关键帧。

在为素材添加【渐变擦除】效果后，选中素材，在【效果控件】面板中展开【渐变擦除】效果，将时间线滑动至合适的位置，然后单击【过渡完成】前方的切换动画按钮，设置【过渡完成】为 0，此时在后方添加了一个关键帧。若在不同时间位置不更改参数时想要添加关键帧，可以单击参数后方的 ◀ ◆ ▶ （添加 / 移除关键帧）按钮，如图 6-20 和图 6-21 所示。

图 6-20   图 6-21

🔔 技巧提示：在【时间轴】面板中为【不透明度】属性添加关键帧。

在【时间轴】面板中双击 V1 轨道中的 1.jpg 素材文件前的空白位置，如图 6-22 所示。

选择 V1 轨道中的 1.jpg 素材文件，右击 *fx* 属性按钮，在弹出的快捷菜单中选择【不透明度】→【不透明度】命令，如图 6-23 所示。

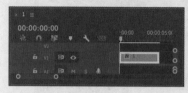

图 6-22   图 6-23

将时间线移动到起始帧的位置，单击 V1 轨道前的【添加/移除关键帧】按钮，此时在素材上会添加一个关键帧，如图 6-24 所示。

继续将时间线移动到合适位置，然后单击 V1 轨道前的【添加/移除关键帧】按钮，为素材添加第 2 个关键帧，如图 6-25 所示。

图 6-24   图 6-25

选择素材上的关键帧，并将该关键帧的位置向下移动（向下表示不透明度数值减小），如图 6-26 所示。画面调整前后的对比效果如图 6-27 所示。

图 6-26   图 6-27

6.3 移动关键帧

移动关键帧所在的位置可以控制动画的节奏，比如两个关键帧离得越远动画呈现的效果越慢，越近则越快。

6.3.1 移动单个关键帧

在【效果控件】面板中展开制作完成的关键帧效果，单击工具箱中的▶（选择工具）按钮，将鼠标指针放在需要移动的关键帧上，按住鼠标左键左右移动，当移动到合适的位置时松开鼠标，即可完成移动操作，如图 6-28 所示。

图 6-28

6.3.2 移动多个关键帧

（1）单击工具箱中的▶按钮，按住鼠标左键将需要移动的关键帧进行框选，接着将选中的关键帧向左或向右进行拖曳即可完成移动操作，如图 6-29 所示。

图 6-29

（2）当想要移动的关键帧不相邻时，单击工具箱中的▶按钮，按住 Ctrl 键或 Shift 键并逐个选中需要移动的关键帧进行拖曳，如图 6-30 所示。

图 6-30

（1）先选择设置关键帧的【位置】属性，如图 6-31 所示。在【节目监视器】中双击，此时素材周围出现控制点，如图 6-32 所示。

图 6-31　　　　　　　　　　　　图 6-32

（2）单击工具箱中的▶按钮，在【节目监视器】中拖动路径的控制柄，将直线路径手动拖曳为弧形，如图 6-33 所示。当滑动时间线查看效果时，可见素材以弧形的运动方式呈现在画面中，如图 6-34 所示。

图 6-33　　　　　　　　　　　　图 6-34

6.4　删除关键帧

在实际操作中，有时会在素材文件中添加一些多余的关键帧，这些关键帧既无实质性用途又会使动画变得复杂，此时需要将多余的关键帧进行删除处理。删除关键帧的常用方法有以下三种。

6.4.1　使用快捷键快速删除关键帧

单击工具箱中的▶按钮，在【效果控件】面板中选择需要删除的关键帧，按 Delete 键即可完成删除操作，如图 6-35 所示。

图 6-35

6.4.2 使用【添加 / 移除关键帧】按钮删除关键帧

在【效果控件】面板中将时间线滑动到需要删除的关键帧上，单击已启用的 ■ ◇ ■（添加 / 移除关键帧）按钮，即可删除关键帧，如图 6-36 所示。

图 6-36

6.4.3 在快捷菜单中清除关键帧

单击工具箱中的 ▶ 按钮，右击选择需要删除的关键帧，在弹出的快捷菜单中选择【清除】命令，即可删除关键帧，如图 6-37 所示。

图 6-37

实例：复制关键帧制作重复动画

文件路径：第 6 章→实例：复制关键帧制作重复动画

本案例主要是为素材添加【缩放】关键帧并复制关键帧来制作重复动画效果，案例效果如图 6-38 所示。

扫一扫，看视频

（1）在菜单栏中选择【文件】→【新建】→【项目】命令创建一个项目，然后在菜单栏中选择【文件】→【导入】命令，在弹出的【导入】对话框中导入全部素材，如图 6-39 所示。

（2）将【项目】面板中的 1.png 素材文件拖曳到【时间轴】面板中，如图 6-40 所示，此时自动生成一个与 1.png 素材文件等大的序列。

（3）将【项目】面板中的 2.png 素材拖曳到 V1 轨道中的 1.png 素材文件后面，此时滑动时间线，画面效果如图 6-41 所示。

图 6-38

图 6-39

149

图 6-40　　　　　　　　　　　图 6-41

（4）选择 V1 轨道中的 1.png 素材文件，在【效果控件】面板中展开【运动】效果，将时间线滑动至起始位置，单击【缩放】前面的切换动画按钮，设置【缩放】为 400.0，如图 6-42 所示。将时间线滑动至 1 秒位置，设置【缩放】为 100.0。

（5）在【效果控件】面板中，选择【缩放】属性中的两个关键帧，将时间线滑动至 2 秒的位置，按住 Alt 键的同时，将【缩放】属性中的关键帧向 2 秒的位置拖动，进行移动并复制，如图 6-43 所示。

图 6-42　　　　　　　　　　　图 6-43

（6）此时滑动时间线，画面效果如图 6-44 所示。

（7）选择 V1 轨道中的 1.png 素材文件，在【效果控件】面板中展开【运动】属性，选择【缩放】属性，使用快捷键 Ctrl+C 进行复制，如图 6-45 所示。

图 6-44　　　　　　　　　　　图 6-45

（8）将时间线滑动至 5 秒的位置，选择 V1 轨道中的 2.png 素材文件，在【效果控件】面板中展开【运动】效果，选择【缩放】属性，使用快捷键 Ctrl+V 进行粘贴，如图 6-46 所示。

（9）至此，本案例制作完成。滑动时间线，画面效果如图 6-47 所示。

图 6-46　　　　　　　　　　　图 6-47

实例：用关键帧插值制作变速动画

文件路径：第 6 章→实例：用关键帧插值制作变速动画

本案例主要是为素材添加【位置】关键帧并设置合适的关键帧插值制作变速动画效果，案例效果如图 6-48 所示。

（1）在菜单栏中选择【文件】→【新建】→【项目】命令创建一个项目，然后在菜单栏中选择【文件】→【导入】命令，在弹出的【导入】对话框中导入全部素材，如图 6-49 所示。

图 6-48

图 6-49

（2）将【项目】面板中的 1.png 素材文件拖曳到【时间轴】面板中，如图 6-50 所示，此时自动生成一个与 1.png 素材文件等大的序列。

（3）此时画面效果如图 6-51 所示。

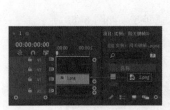

图 6-50

图 6-51

（4）选择 V1 轨道中的 1.png 素材文件，在【效果控件】面板中展开【运动】效果，将时间线滑动至起始位置，单击【位置】前面的切换动画按钮，设置【位置】为（-700.0，448.0），如图 6-52 所示。将时间线滑动至 1 秒的位置，设置【位置】为（672.0，448.0）。

（5）选择【位置】中的两个关键帧，右击，在弹出的快捷菜单中选择【临时插值】→【缓出】命令，如图 6-53 所示。

图 6-52

图 6-53

（6）此时滑动时间线，画面效果如图 6-54 所示。

（7）将时间线滑动 1 秒的位置，将【项目】面板中的 2.png 素材文件拖曳到 V2 轨道 1 秒的位置，如图 6-55 所示。

图 6-54 　　　　　　　　　　　　　　　　图 6-55

（8）选择 V2 轨道的 2.png 素材文件，在【效果控件】面板中展开【运动】效果，将时间线滑动至 1 秒的位置，单击【位置】前面的切换动画按钮，设置【位置】为（-700.0，448.0）。将时间线滑动至 2 秒的位置，设置【位置】为（672.0，448.0），如图 6-56 所示。

（9）选择【位置】中的两个关键帧，右击，在弹出的快捷菜单中选择【临时插值】→【缓入】命令，如图 6-57 所示。

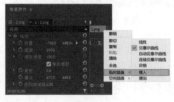

图 6-56 　　　　　　　　　　　　　　　　图 6-57

（10）至此，本案例制作完成。滑动时间线，画面效果如图 6-58 所示。

图 6-58

🔔 技巧提示：临时插值和空间插值。

1. 临时插值

临时插值可以控制关键帧在时间线上的速度变化状态。临时插值的快捷菜单如图 6-59 所示。

（1）线性。

【线性】插值可以使关键帧之间产生匀速变化。首先在【效果控件】面板中针对某一属性添加两个或两个以上的关键帧，然后在添加的关键帧上右击，在弹出的快捷菜单中选择【临时插值】→【线性】命令，滑动时间线，当时间线与关键帧位置重合时，该关键帧由灰色变为蓝色 ◆，此时的动画变化得更为匀速平缓。

图 6-59

（2）贝塞尔曲线。

【贝塞尔曲线】插值可以在关键帧的任一侧手动调整图表的形状以及变化速率。在快捷菜单中选择【临时插值】→【贝塞尔曲线】命令时，滑动时间线，当时间线与关键帧位置重合时，该关键帧样式为 Ⅺ，并且可在【节目监视器】中通过拖动曲线控制柄来调节曲线两侧，从而改变动画的运动速度。在调节过程中，单独调节其中一个控制柄，同时另一个控制柄不发生变化。

（3）自动贝塞尔曲线。

【自动贝塞尔曲线】插值可以调整关键帧的平滑变化速率。选择【临时插值】→【自动贝塞尔曲线】命令时，滑动时间线，当时间线与关键帧位置重合时，该关键帧样式为 ◖◗。在曲线节点的两侧会出现两个没有控制线的控制点，拖动控制点可将自动曲线转换为弯曲的【贝塞尔曲线】状态。

（4）连续贝塞尔曲线。

【连续贝塞尔曲线】插值可以创建通过关键帧的平滑变化速率。选择【临时插值】→【连续贝塞尔曲线】命令，滑动时间线，当时间线与关键帧位置重合时，该关键帧样式为 Ⅺ。双击【节目监视器】中的画面，此时会出现两个控制柄，可以通过拖动控制柄来改变两侧的曲线弯曲程度，从而改变动画效果。

（5）定格。

【定格】插值可以更改属性值且不产生渐变过渡。选择【临时插值】→【定格】命令时，滑动时间线，当时间线与关键帧位置重合时，该关键帧样式为 ◖▮，两个速率曲线节点将根据节点的运动状态自动调节速率曲线的弯曲程度。当动画播放到该关键帧时，将保持前一关键帧画面的效果。

（6）缓入。

【缓入】插值可以减慢进入关键帧的值变化。选择【临时插值】→【缓入】命令，滑动时间线，当时间线与关键帧位置重合时，该关键帧样式为 Ⅺ，速率曲线节点前面将变成缓入弧线形状。当滑动时间线播放动画时，动画在进入该关键帧时速度逐渐减缓，可消除因速度波动大而产生的画面不稳定感。

（7）缓出。

【缓出】插值可以逐渐加快离开关键帧的值变化。选择【临时插值】→【缓出】命令，滑动时间线，当时间线与关键帧位置重合时，该关键帧样式为 Ⅺ。速率曲线节点后面将变成缓出的效果。当播放动画时，可以使动画在离开该关键帧时速率减缓，同样可消除因速度波动大而产生的画面不稳定感，与缓入的道理相同。

2. 空间插值

【空间插值】可以设置关键帧的过渡效果，如转折强烈的线性方式、过渡柔和的自动贝塞尔曲线方式等，如图 6-60 所示。

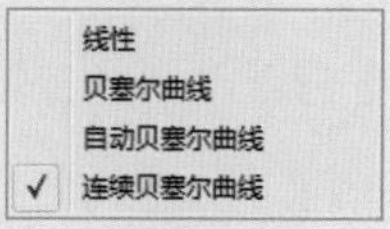

图6-60

（1）线性。

选择【空间插值】→【线性】命令时，关键帧两侧线段为直线，角度转折较明显。播放动画时会产生位置突变的效果。

（2）贝塞尔曲线。

选择【空间插值】→【贝塞尔曲线】命令时，可在【节目监视器】中手动调节控制点两侧的控制柄，通过控制柄来调节曲线形状和画面的动画效果。

（3）自动贝塞尔曲线。

选择【空间插值】→【自动贝塞尔曲线】命令并更改自动贝塞尔关键帧数值时，控制点两侧的手柄位置会自动更改，以保持关键帧之间的平滑速率。如果手动调整自动贝塞尔曲线的方向手柄，则可以将其转换为连续贝塞尔曲线的关键帧。

（4）连续贝塞尔曲线。

选择【空间插值】→【连续贝塞尔曲线】命令时，也可以手动设置控制点两侧的控制柄来调整曲线方向，与【自动贝塞尔曲线】操作相同。

综合实例：制作位置动画

扫一扫，看视频

文件路径：第 6 章→综合实例：制作位置动画

本案例主要是为素材的【位置】属性添加关键帧，使素材产生位置移动动画，然后为素材添加投影效果。案例效果如图 6-61 所示。

图 6-61

（1）在菜单栏中选择【文件】→【新建】→【项目】命令创建一个项目，然后在菜单栏中选择【文件】→【导入】命令，在弹出的【导入】对话框中导入全部素材，如图 6-62 所示。

图 6-62

（2）将【项目】面板中的 1.png 素材拖曳到【时间轴】面板中，如图 6-63 所示，此时自动生成一个与 1.png 素材文件等大的序列。

（3）此时画面效果如图 6-64 所示。

（4）将【项目】面板中的 2.png 素材文件拖曳到【时间轴】面板中的 V2 轨道上，如图 6-65 所示。

（5）此时画面效果如图 6-66 所示。

图 6-63

图 6-64

图 6-65

图 6-66

（6）选择 V2 轨道中的 2.png 素材文件，在【效果控件】面板中展开【运动】效果，将时间线滑动至起始位置，单击【位置】前方的切换动画按钮，设置【位置】为（1527.1，644.9）。将时间线滑动至 1 秒的位置，设置【位置】为（977.1，644.9）、【缩放】为 47.0，如图 6-67 所示。

（7）在【效果】面板中搜索【投影】效果，并将其拖曳到【时间轴】面板中的 V2 轨道的 2.png 素材文件的起始位置，如图 6-68 所示。

图 6-67

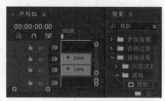

图 6-68

（8）选择 V2 轨道的 2.png 素材文件，在【效果控件】面板中展开【投影】效果，设置【不透明度】为 51%、【方向】为 143.0°、【距离】为 25.0、【柔和度】为 94.0，如图 6-69 所示。

（9）至此，本案例制作完成。滑动时间线，画面效果如图 6-70 所示。

图 6-69

图 6-70

综合实例：制作甩动切换画面动画

扫一扫，看视频

文件路径：第 6 章→综合实例：制作甩动切换画面动画

本案例主要是为素材添加【变换】效果，并设置合适的关键帧制作甩动切换画面动画。案例效果如图 6-71 所示。

图 6-71

（1）在菜单栏中选择【文件】→【新建】→【项目】命令创建一个项目,然后在菜单栏中选择【文件】→【导入】命令，在弹出的【导入】对话框中导入全部素材，如图 6-72 所示。

图 6-72

（2）将【项目】面板中的 1.png 素材文件拖曳到【时间轴】面板中，如图 6-73 所示，此时自动生成一个与 1.png 素材文件等大的序列。

（3）此时画面效果如图 6-74 所示。

图 6-73

图 6-74

（4）将【项目】面板中的 2.png、3.png 和 4.png 素材文件依次拖曳到【时间轴】面板中的 V2、V3 和 V4 轨道上，如图 6-75 所示。

（5）在【效果】面板中搜索【变换】效果,并将其拖曳到【时间轴】面板中的 V2 轨道的 2.png 素材文件上，如图 6-76 所示。

 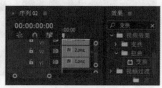

图 6-75　　　　　　　图 6-76

（6）选择 V2 轨道的 2.png 素材文件，在【效果控件】面板中展开【变换】效果，设置【锚点】为（8.8，893.2）、【位置】为（7.0，891.0）、【倾斜轴】为 47.0，将时间线滑动至 10 帧的位置，单击【旋转】前面的切换动画按钮，设置【旋转】为 –92.0，如图 6-77 所示；将时间线滑动至 15 帧的位置，设置【旋转】为 0.0。

（7）隐藏 V3 和 V4 轨道，滑动时间线，画面效果如图 6-78 所示。

图 6-77　　　　　　　图 6-78

（8）在【效果】面板中搜索【变换】效果，并将其拖曳到【时间轴】面板中的 V3 轨道的 3.png 素材文件上，如图 6-79 所示。

（9）选择 V3 轨道中的 3.png 素材文件，在【效果控件】面板中展开【变换】效果，设置【锚点】为（6.6，887.2）、【位置】为（8.0，885.0），将时间线滑动至 20 帧的位置，单击【旋转】前面的切换动画按钮，设置【旋转】为 –90.0，如图 6-80 所示。将时间线滑动至 1 秒的位置，设置【旋转】为 0.0。

图 6-79　　　　　　　图 6-80

（10）在【效果】面板中搜索【变换】效果，并将其拖曳到【时间轴】面板中的 V4 轨道的 4.png 素材文件上，如图 6-81 所示。

（11）选择 V4 轨道中的 4.png 素材文件，在【效果控件】面板中展开【变换】效果，设置【锚点】为（–8.8，898.2）、【位置】为（–6.6，900.4），将时间线滑动至 1 秒 05 帧的位置，单击【旋转】前面的切换动画按钮，设置【旋转】为 –90.0°，如图 6-82 所示。将时间线滑动至 1 秒 10 帧的位置，设置【旋转】为 0.0。

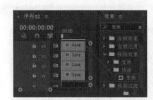

图 6-81　　　　　　　　　　　　图 6-82

（12）至此，本案例制作完成。滑动时间线，画面效果如图 6-83 所示。

图 6-83

综合实例：制作收缩切换动画

文件路径：第 6 章→综合实例：制作收缩切换动画

扫一扫，看视频

本案例首先调整素材的持续时间，然后为素材添加【缩放】关键帧，制作收缩切换动画。案例效果如图 6-84 所示。

图 6-84

（1）在菜单栏中选择【文件】→【新建】→【项目】命令创建一个项目，然后在菜单栏中选择【文件】→【导入】命令，在弹出的【导入】对话框中导入全部素材，如图 6-85 所示。

图 6-85

（2）将【项目】面板中的 1.jpg 素材拖曳到【时间轴】面板中，如图 6-86 所示，此时自动生成一个与 1.jpg 素材文件等大的序列。

（3）此时画面效果如图 6-87 所示。

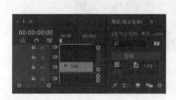

图 6-86　　　　　　　　　　图 6-87

（4）将时间线滑动至 1 秒的位置，使用快捷键 Ctrl+K 进行裁剪，选中时间线后面的素材文件，按 Delete 键进行删除，如图 6-88 所示。

（5）选择 V1 轨道的 1jpg 素材文件，在【效果控件】面板中展开【运动】效果，将时间线滑动至起始位置，单击【缩放】前面的切换动画按钮，设置【缩放】为 959.0，如图 6-89 所示。将时间滑动至 10 帧的位置，设置【缩放】为 100.0。

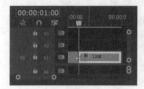

图 6-88　　　　　　　　　　图 6-89

（6）此时滑动时间线，画面效果如图 6-90 所示。

（7）将时间线滑动至 1 秒的位置，将【项目】面板中的 2.jpg 素材文件拖曳到【时间轴】面板中的 V1 轨道的 1.jpg 素材文件后面，如图 6-91 所示。

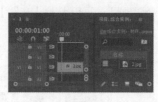

图 6-90　　　　　　　　　　图 6-91

（8）在【时间轴】面板中选择 V1 轨道的 2.jpg 素材文件，使用快捷键 Ctrl+R 打开【剪辑速度 / 持续时间】对话框，在该对话框中设置【持续时间】为 1 秒，如图 6-92 所示。

（9）选择 V1 轨道的 2jpg 素材文件，在【效果控件】面板中展开【运动】效果，将时间线滑动至 1 秒的位置，单击【缩放】前面的切换动画按钮，设置【缩放】为 736.0，如图 6-93 所示。将时间滑动至 1 秒 10 帧的位置，设置【缩放】为 81.0。

（10）使用同样的方法，将其他素材拖曳到【时间轴】面板中的 V1 轨道上，设置合适的持续时间，并为素材添加合适的关键帧动画。

图 6-92

至此本案例制作完成。滑动时间线，画面效果如图 6-94 所示。

图 6-93   图 6-94

综合实例：制作卡点美食短视频

扫一扫，看视频

文件路径：第 6 章→综合实例：制作卡点美食短视频

本案例使用标记制作卡点位置，使用【变换】效果制作照片卡点甩入效果，然后创建文字，并使用【双侧平推门】效果制作文字入场效果。案例效果如图 6-95 所示。

图 6-95

1. 制作卡点动画

（1）选择【文件】→【新建】→【项目】命令，在弹出的对话框中设置文件名，单击【浏览】按钮设置保存路径，新建项目、序列。选择【文件】→【导入】命令，导入全部素材，如图 6-96 所示。

图 6-96

（2）在【项目】面板中将 1.jpg 素材文件拖曳到【时间轴】面板中的 V1 轨道上，此时在【项目】面板中自动生成一个与 1.jpg 素材等大的序列，如图 6-97 所示。此时画面效果如图 6-98 所示。

（3）在【项目】面板中将配乐 .mp3 素材文件拖曳到【时间轴】面板中的 A1 轨道上，如图 6-99 所示。将时间线滑动至 9 秒 04 帧的位置，在【时间轴】面板中选择 A1 轨道上的

"配乐 .mp3"素材文件，使用快捷键 Ctrl+K 进行裁剪，如图 6-100 所示。

图 6-97　　　　　　　　图 6-98

图 6-99　　　　　　　　图 6-100

（4）在【时间轴】面板中选择 A1 轨道时间线后面的"配乐 .mp4"素材文件，按 Delete 键进行删除，如图 6-101 所示。按住空格键聆听音乐，根据音频文件的节奏使用快捷键 M 进行标记，如图 6-102 所示。（在【时间轴】面板中不选择任何素材的情况下才可进行标记。）

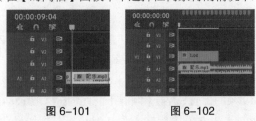

图 6-101　　　　　　　　图 6-102

（5）在【时间轴】面板中将 1.jpg 素材文件的结束时间拖曳到第一个标记位置，如图 6-103 所示。在【效果】面板中搜索【变换】效果，将该效果拖曳到【时间轴】面板中的 V1 轨道 1.jpg 素材文件上，如图 6-104 所示。

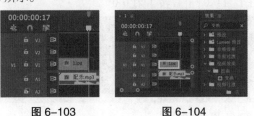

图 6-103　　　　　　　　图 6-104

（6）在【时间轴】面板中单击 1.jpg 素材文件，在【效果控件】面板中展开【变换】效果，将时间线滑动至起始时间位置，单击【位置】【旋转】前面的 ⏱（切换动画）按钮，设置【位置】为（-1066.0，640.0）【旋转】为 6.0°，如图 6-105 所示。将时间线滑动到 2 帧的位置，单击【倾斜】前面的 ⏱（切换动画）按钮，设置【位置】为（961.0，640.0）、【倾斜】为 0.0、【旋转】为 0.0°。将时间线滑动到 3 帧的位置，设置【位置】为（1032.0，640.0）、【倾斜】为 -4.0、【旋转】为 0.0°。将时间线滑动到 5 帧的位置，设置【倾斜】为 5.0、【旋转】为 -6.0°。将时间线滑动到 7 帧的位置，设置【位置】为（960.0，640.0）、【倾斜】为 0.0、【旋转】为 0.0°，滑动时间线，此时画面效果如图 6-106 所示。

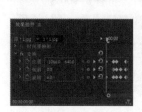
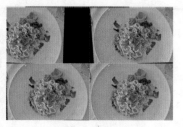

图 6-105   图 6-106

（7）在【项目】面板中将 2.jpg 素材拖曳到【时间轴】面板中的 V1 轨道的 1.jpg 素材文件的后面，如图 6-107 所示。在【时间轴】面板中将 2.jpg 素材文件的结束时间拖曳到第二个标记位置，如图 6-108 所示。

图 6-107   图 6-108

（8）在【效果】面板中搜索【变换】效果，将该效果拖曳到【时间轴】面板中的 V1 轨道的 2.jpg 素材文件上，如图 6-109 所示。在【时间轴】面板中单击 2.jpg 素材文件，在【效果控件】面板中展开【变换】效果，将时间线滑动至 17 帧的位置，单击【位置】【旋转】前面的 ⏱（切换动画）按钮，设置【位置】为（-1066.0，640.0）、【旋转】为 6.0°，如图 6-110 所示。将时间线滑动到 19 帧的位置，单击【倾斜】前面的 ⏱（切换动画）按钮，设置【位置】为（961.0，640.0）、【倾斜】为 0.0、【旋转】为 0.0°。将时间线滑动到 20 帧的位置，设置【位置】为（1032.0，640.0）、【倾斜】为 -4.0、【旋转】为 0.0°。将时间线滑动到 22 帧的位置，设置【倾斜】为 5.0、【旋转】为 -6.0°。将时间线滑动到 24 帧的位置，设置【位置】为（960.0，640.0）、【倾斜】为 0.0、【旋转】为 0.0°。

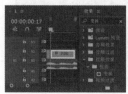

图 6-109   图 6-110

（9）在【项目】面板中将 3.jpg 素材拖曳到【时间轴】面板中的 V1 轨道的 2.jpg 素材文件的后面，如图 6-111 所示。在【时间轴】面板中将 3.jpg 素材文件的结束时间拖曳到第三个标记位置，如图 6-112 所示。

图 6-111   图 6-112

中文版 Premiere Pro 实用教程（案例视频版）

（10）在【效果】面板中搜索【变换】效果，将该效果拖曳到【时间轴】面板中的 V1 轨道的 3.jpg 素材文件上，如图 6-113 所示。在【时间轴】面板中单击 3.jpg 素材文件，在【效果控件】面板中展开【变换】效果，将时间线滑动至 1 秒 04 帧的位置，单击【位置】【旋转】前面的 ⏱（切换动画）按钮，设置【位置】为（-1066.0，640.0）、【旋转】为 6.0°，如图 6-114 所示。将时间线滑动到 1 秒 06 帧的位置，单击【倾斜】前面的 ⏱（切换动画）按钮，设置【位置】为（961.0，640.0）、【倾斜】为 0.0、【旋转】为 0.0°。将时间线滑动到 1 秒 07 帧的位置，设置【位置】为（1032.0，640.0）、【倾斜】为 -4.0、【旋转】为 0.0°。将时间线滑动到 1 秒 09 帧的位置，设置【倾斜】为 5.0、【旋转】为 -6.0°。将时间线滑动到 1 秒 11 帧的位置，设置【位置】为（960.0，640.0）、【倾斜】为 0.0、【旋转】为 0.0°。

图 6-113　　　　　　　　图 6-114

（11）滑动时间线，此时画面效果如图 6-115 所示。使用同样的方法设置剩余的素材的结束时间与标记位置相同。并使用【变换】效果创建关键帧为剩余素材在合适的时间制作滑动进入动画效果，如图 6-116 所示。

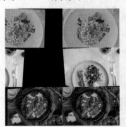 

图 6-115　　　　　　　　图 6-116

2. 添加文字效果

（1）将时间线滑动至起始时间位置，在【工具】面板中单击 T（文字工具），在【节目监视器】面板中的适当位置输入文字，如图 6-117 所示。在【效果控件】面板中展开【文本】→【源文本】效果设置合适的字体系列和字体样式，字体大小为 184，设置【填充】为白色，选中【描边】复选框，设置描边颜色为黑色、描边宽度为 7.0。展开【变换】效果，设置【位置】为（379.0，676.2），如图 6-118 所示。

图 6-117　　　　　　　　图 6-118

（2）在【工具】面板中单击 T，在【节日监视器】面板中的适当位置输入文本，如图 6-119 所示。在【效果控件】面板中展开【文本】→【源文本】效果，设置合适的字体系列和字体样式，字体大小为 45，设置字距调整为 17，【填充】为蓝色，选中【描边】复选框，设置【描边颜色】为黑色，描边宽度为 2.0。展开【变换】效果，设置【位置】为（455.1，463.9），如图 6-120 所示。

图 6-119   图 6-120

（3）在【工具】面板中单击 T，在【节目监视器】面板中的适当位置输入文字，如图 6-121 所示。在【效果控件】面板中展开【文本】→【源文本】效果，设置合适的字体系列和字体样式，字体大小为 99。设置【填充】为白色，选中【描边】复选框，设置描边颜色为黑色，描边宽度为 3.0。展开【变换】效果，设置【位置】为（653.1，809.0），如图 6-122 所示。

图 6-121   图 6-122

（4）在【时间轴】面板中设置 V2 轨道文字的结束时间为 1 秒 05 帧的位置，如图 6-123 所示。在【效果】面板中搜索【双侧平推门】效果，将该效果拖曳到【时间轴】面板中 V2 轨道文字的起始位置，如图 6-124 所示。

图 6-123   图 6-124

（5）在【时间轴】面板中单击 V2 轨道文字上的效果，在【效果控件】面板中设置【持续时间】为 6 帧，如图 6-125 所示。至此，本案例完成，滑动时间线查看案例效果。如图 6-126 所示。

图 6-125　　　　　　　　　图 6-126

综合实例：制作怦然心动的拍照特效

文件路径：第 6 章→综合实例：制作怦然心动的拍照特效

本案例使用【关键帧】与【快速模糊入点】制作照片弹入效果，使用【速度 / 持续时间】与【混合模式】制作画面心动的氛围效果。案例效果如图 6-127 所示。

扫一扫，看视频

图 6-127

1. 剪辑素材

（1）选择【文件】→【新建】→【项目】命令，在弹出的对话框中设置名称，单击【浏览】按钮设置保存路径。新建项目、序列。选择【文件】→【导入】命令，导入全部素材，如图 6-128 所示。

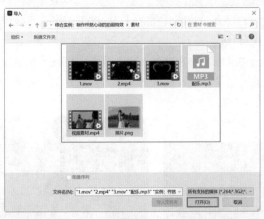

图 6-128

（2）在【项目】面板中将"视频素材 .mp4"素材文件拖曳到【时间轴】面板中的 V1 轨道上，此时在【项目】面板中自动生成一个与"视频素材 .mp4"素材文件等大的序列，如图 6-129 所示。滑动时间线，此时画面效果如图 6-130 所示。

165

图 6-129　　　　　　　　　　　　　图 6-130

（3）将时间线滑动至 8 秒 20 帧的位置，在【时间轴】面板中选择 V1 轨道上的"视频素材.mp4"素材文件，使用快捷键 W 进行后半部分的波纹修剪，如图 6-131 所示。在【项目】面板中将"照片.png"素材拖曳到【时间轴】面板中的 V2 轨道 3 秒 20 帧的位置，如图 6-132 所示。

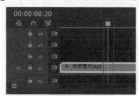
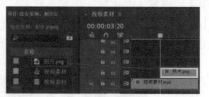

图 6-131　　　　　　　　　　　　　图 6-132

2. 制作拍照效果

（1）在【时间轴】面板中单击"照片.png"素材文件，在【效果控件】面板中展开【运动】效果，将时间线滑动至 3 秒 20 帧的位置，单击【位置】【缩放】前面的 （切换动画）按钮，设置【位置】为（1366.0,589.0）、【缩放】为 248.0，如图 6-133 所示。将时间线滑动到 3 秒 22 帧的位置，设置【位置】为（1366.0,823.0）。将时间线滑动到 3 秒 24 帧的位置，设置【位置】为（1366.0,702.0）。将时

图 6-133

间线滑动到 4 秒 01 帧的位置，设置【位置】为（1366.0,886.0）。将时间线滑动到 4 秒 02 帧的位置，设置【位置】为（1366.0,547.0）、【缩放】为 100.0。将时间线滑动到 4 秒 05 帧的位置，设置【位置】为（1366.0,749.0）。

（2）在【效果】面板中搜索【快速模糊入点】效果，将该效果拖曳到【时间轴】面板中的 V2 轨道 3 秒 20 帧位置的"照片.png"素材文件上，如图 6-134 所示。滑动时间线，此时画面效果如图 6-135 所示。

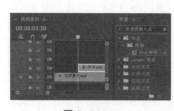

图 6-134　　　　　　　　　　　　　图 6-135

（3）在【项目】面板中将 3.mov 素材文件拖曳到【时间轴】面板中的 V3 轨道 3 秒 20 帧的位置，如图 6-136 所示。在【时间轴】面板中的 3.mov 素材文件上右击，在弹出的快捷菜单中选择【速度/持续时间】命令，如图 6-137 所示。

图 6-136

图 6-137

（4）在弹出的【剪辑速度/持续时间】对话框中设置【速度】为 200%，单击【确定】按钮，如图 6-138 所示。在【时间轴】面板中单击 3.mov 素材文件，在【效果控件】面板中展开【运动】效果，设置【位置】为（1366.0，857.0）、【缩放】为 197.0。展开【不透明度】效果，设置【混合模式】为滤色，如图 6-139 所示。

图 6-138

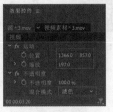
图 6-139

（5）在【项目】面板中将 1.mov 素材文件拖曳到【时间轴】面板中的 V4 轨道 3 秒 20 帧的位置，如图 6-140 所示。在【时间轴】面板中选择 V4 轨道上的 1.mov 素材文件，设置结束时间为 8 秒 18 帧，如图 6-141 所示。

图 6-140

图 6-141

（6）在【时间轴】面板中单击 1.mov 素材文件，在【效果控件】面板中展开【运动】效果，设置【缩放】为 146.0。展开【不透明度】效果，设置【混合模式】为滤色，如图 6-142 所示。滑动时间线，此时画面效果如图 6-143 所示。

图 6-142

图 6-143

（7）在【项目】面板中将 2.mp4 素材文件拖曳到【时间轴】面板中的 V5 轨道 4 秒 16 帧的位置，如图 6-144 所示。在【时间轴】面板中选择 V5 轨道上的 2.mp4 素材文件，设置结束时间为 8 秒 18 帧，如图 6-145 所示。

（8）在【时间轴】面板中单击 2.mp4 素材文件，在【效果控件】面板中展开【运动】效果，设置【缩放】为 138.0。展开【不透明度】效果，设置【混合模式】为滤色，如图 6-146 所示。至此，本案例制作完成。滑动时间线，查看案例效果如图 6-147 所示。

图 6-144　　　　　　　　图 6-145

图 6-146　　　　　　　　图 6-147

扫一扫，看视频

6.5　课堂演练：制作卡点调色视频

文件路径：第 6 章→课堂演练：制作卡点调色视频

本案例首先使用【剪辑速度 / 持续时间】对话框调整素材的持续时间，然后为素材添加【Lumetri 颜色】效果，并添加关键帧制作卡点调色动画视频。案例效果如图 6-148 所示。

（1）在菜单栏中选择【文件】→【新建】→【项目】命令创建一个项目。在菜单栏中选择【文件】→【导入】命令，在弹出的【导入】对话框中导入全部素材，如图 6-149 所示。

图 6-148　　　　　　　　　　　　图 6-149

（2）将【项目】面板中的 1.mp4 素材拖曳到【时间轴】面板中，如图 6-150 所示，此时自动生成一个与 1.mp4 素材文件等大的序列。

（3）此时画面效果如图 6-151 所示。

图 6-150　　　　　　　　　　图 6-151

（4）在【时间轴】面板中按住 Alt 键的同时单击 A1 轨道的音频文件，按 Delete 键进行删除，如图 6-152 所示。

（5）在【时间轴】面板中选择 V1 轨道的 1.mp4 素材文件，使用快捷键 Ctrl+R 打开【剪辑速度 / 持续时间】对话框，在该对话框中设置【持续时间】为 5 秒，如图 6-153 所示。

图 6-152　　　　　图 6-153

（6）选择 V1 轨道的 1.mp4 素材文件，在【效果控件】面板中展开【运动】效果，将时间线滑动至起始位置，单击【位置】和【缩放】前面的切换动画按钮，设置【位置】为（609.0，708.0）、【缩放】为 151.0，如图 6-154 所示。将时间线滑动至 2 秒 06 帧的位置，设置【位置】为（961.0，540.0）、【缩放】为 100.0。

（7）此时滑动时间线，画面效果如图 6-155 所示。

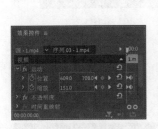

图 6-154　　　　　　　　图 6-155

（8）在【效果】面板中搜索【Lumetri 颜色】效果，并将其拖曳到时间轴面板中的 V1 轨道的 2.mp4 素材文件的起始位置，如图 6-156 所示。

（9）选择 V1 轨道的 1.mp4 素材文件，在【效果控件】面板中展开【Lumetri 颜色】效果，展开【基本校正】→【颜色】，将时间线滑动至 1 秒 23 帧的位置，单击【色温】【色彩】和【饱和度】前面的切换动画按钮，设置【色温】为 0.0、【色彩】为 0.0、【饱和度】为 100.0，如图 6-157 所示。将时间线滑动至 2 秒 06 帧的位置，设置【色温】为 30.0、【色彩】为 28.0、【饱和度】为 118.0。

图 6-156　　　　　　　　图 6-157

（10）此时画面效果如图 6-158 所示。

（11）展开【灯光】效果，将时间线滑动至 1 秒 23 帧的位置，单击【曝光】【对比度】和【高光】

前面的切换动画按钮，设置【曝光】为 0.0、【对比度】为 0.0、【高光】为 0.0。将时间线滑动至 2 秒 06 帧的位置，设置【曝光】为 0.4、【对比度】为 15.0、【高光】为 9.0，如图 6-159 所示。

图 6-158　　　　　　　图 6-159

（12）此时画面效果如图 6-160 所示。

（13）展开【创意】→【调整】效果，将时间线滑动至 1 秒 23 帧的位置，单击【锐化】前面的切换动画按钮，设置【锐化】为 0.0。将时间线滑动至 2 秒 06 帧的位置，设置【锐化】为 8.0，如图 6-161 所示。

图 6-160　　　　　　　图 6-161

（14）此时画面效果如图 6-162 所示。

（15）将时间线滑动至起始位置，将【项目】面板中的音乐 .mp3 拖曳到【时间轴】面板中的 A1 轨道上，如图 6-163 所示。

图 6-162　　　　　　　图 6-163

（16）将时间线滑动至 5 秒的位置，使用快捷键 Ctrl+K 进行裁剪，选中时间线后面的素材，按 Delete 键删除，如图 6-164 所示。

（17）至此，本案例制作完成。滑动时间线，画面效果如图 6-165 所示。

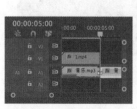

图 6-164　　　　　　　图 6-165

6.6 随堂测试

1. 知识考察

（1）创建及修改关键帧动画。

（2）用关键帧插值制作变速动画。

2. 实战演练

参考给定作品，制作产品展示动画。

参考效果	可用工具
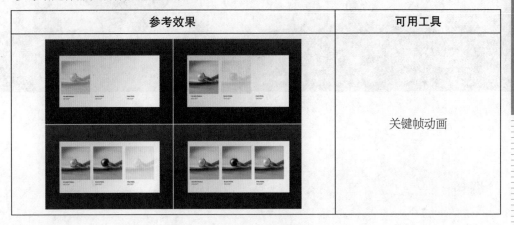	关键帧动画

3. 项目实操

制作一个 Logo 变形动画。

要求：

（1）主题鲜明，具有一定的艺术性。

（2）造型简约。

（3）为 Logo 设计简单的变形动画，如位置、缩放动画等。

调色

◀)) 学时安排

总学时：4 学时

理论学时：1 学时

实践学时：3 学时

◀)) 教学内容概述

调色是 Premiere Pro 非常重要的功能，通常情况下，不同的颜色往往有不同的情感倾向，只有与作品主题匹配的色彩才能正确地传达作品的主旨内涵，因此正确地使用调色效果对设计作品而言是一道重要关卡。本章主要讲解在 Premiere Pro 中为作品调色的流程，以及各类调色效果的应用。

◀)) 教学目标

- ●理解调色的概念
- ●掌握 Premiere Pro 中的调色技法与应用

7.1 调色前的准备工作

对于设计师来说，调色是后期处理的"重头戏"。一幅作品的颜色能够在很大限度上影响观众的情绪。如图 7-1 所示，同样一张食物的照片，哪张看起来更美味？通常饱和度高的美食照片看起来会更美味，色彩能够美化照片，同时色彩也具有强大的"欺骗性"。同样一张照片，以不同的颜色进行展示时效果也不同，如图 7-2（a）表现的是轻松愉快的郊游，图 7-2（b）表现的是悬疑与未知的探险。

(a)　　　　　　　　　　　(b)

图 7-1　　　　　　　　　　　　　　　　图 7-2

设计作品时经常需要使用各种图片元素，而图片元素的色调与画面是否匹配也会影响设计作品的效果。调色不仅会使元素变"漂亮"，更重要的是通过色彩的调整可使元素"融合"到画面中。从图 7-3 和图 7-4 可以看到，原图中部分元素与画面整体"格格不入"，而经过颜色调整后，画面整体氛围更加和谐。

图 7-3　　　　　　　　　　　　　　　　图 7-4

Premiere Pro 的调色功能非常强大，不仅可以对错误的颜色，如曝光过度、亮度不足、画面偏灰、色调不正等进行校正，如图 7-5 所示，更能通过使用调色功能增强画面的视觉效果，丰富画面情感，打造风格化的色彩，如图 7-6 所示。

图 7-5　　　　　　　　　　　　　　　　图 7-6

7.2　图像控制类调色效果

Premiere Pro 中的图像控制类调色效果可以平衡画面中强弱、浓淡、轻重的色彩关系，使画面更符合观众的视觉感受。其中包括【图像控制】效果组中的【灰度系数校正】【颜色替换】【颜色过滤】【黑白】和【过时】效果组中的【颜色平衡（RGB）】5 种效果，如图 7-7 所示。

【灰度系数校正】：该效果可以对素材文件的明暗程度进行调整。为素材添加该效果的前后对比如图 7-8 所示。

【颜色替换】：将所选择的目标颜色替换为在【替换颜色】中选择的颜色。为素材添加该效果的前后对比如图 7-9 所示。

【颜色过滤】：可将画面中的颜色通过【相似性】调整为灰度效果。为素材添加该效果的前后对比如图 7-10 所示。

图 7-7

【黑白】：可将彩色素材文件转换为黑白效果。为素材添加该效果的前后对比如图 7-11 所示。

图 7-8

图 7-9

图 7-10

图 7-11

【颜色平衡（RGB）】：通过调整画面中三原色的数量值来调色。为素材添加该效果的前后对比如图 7-12 所示。

图 7-12

技巧提示: 学习调色时要注意的问题。

　　调色命令虽然很多, 但并不是每一种都常用, 或者说, 并不是每一种都适合自己使用。其实在实际调色过程中, 想要实现某种颜色效果, 往往是既可以使用这种命令, 又可以使用那种命令。这时千万不要纠结于因为书中或者教程中使用的某个特定命令, 而必须去使用这个命令。我们只需要选择自己习惯使用的命令就可以。

<h1>7.3　过时类视频效果</h1>

　　过时类视频效果包含【RGB 曲线】【RGB 颜色校正器】【三向颜色校正器】【亮度曲线】【亮度校正器】【快速模糊】【快速颜色校正器】【自动对比度】【自动色阶】【自动颜色】【视频限幅器 (旧版)】【阴影 / 高光】12 种视频效果,面板如图 7-13 所示。

图 7-13

　　【RGB 曲线】: 最常用的调色效果之一, 可分别针对每个颜色通道调节颜色, 从而可以调节出更丰富的颜色效果。为素材添加该效果的前后对比如图 7-14 所示。

　　【RGB 颜色校正器】: 比较强大的调色效果, 为素材添加该效果的前后对比如图 7-15 所示。

　　【三向颜色校正器】: 可对素材文件的阴影、高光和中间调进行调整。为素材添加该效果的前后对比如图 7-16 所示。

　　【亮度曲线】: 可使用曲线来调整素材的亮度。为素材添加该效果的前后对比如图 7-17 所示。

　　【亮度校正器】: 可调整画面的亮度、对比度和灰度值。为素材添加该效果的前后对比如图 7-18 所示。

　　【快速模糊】: 可根据模糊数值来控制画面的模糊程度。为素材添加该效果的前后对比如图 7-19 所示。

　　【快速颜色校正器】: 可使用色相、饱和度来调整素材文件的颜色。为素材添加该效果的前后对比如图 7-20 所示。

　　【自动对比度】: 可自动调整素材的对比度。为素材添加该效果的前后对比如图 7-21 所示。

图 7-14

图 7-15

图 7-16　　　　　　　　　　　　　　　　　　　图 7-17

图 7-18　　　　　　　　　　　　　　　　　　　图 7-19

图 7-20　　　　　　　　　　　　　　　　　　　图 7-21

【自动色阶】：可以自动对素材进行色阶调整。为素材添加该效果的前后对比如图 7-22 所示。

【自动颜色】：可以对素材的颜色进行自动调节。为素材添加该效果的前后对比如图 7-23 所示。

图 7-22　　　　　　　　　　　　　　　　　　　图 7-23

【视频限幅器（旧版）】：限制素材的亮度和颜色，让制作输出的视频在广播级范围内。

【阴影 / 高光】：可调整素材的阴影和高光部分。为素材添加该效果的前后对比如图 7-24 所示。

图 7-24

7.4 颜色校正类视频效果

颜色校正类视频效果可对素材的颜色进行细致调整。其中包括【过时】效果组中的【保留颜色】【均衡】【更改为颜色】【更改颜色】【通道混合器】【颜色平衡（HLS）】和【颜色校正】效果组中的 ASC CDL、Brightness & Contrast（亮度与对比度）、【Lumetri 颜色】【色彩】【视频限制器】【颜色平衡】12 种效果，如图 7-25 所示。

图 7-25

【保留颜色】：可以选择一种想要保留的颜色，将其他颜色的饱和度降低。为素材添加该效果的前后对比如图 7-26 所示。

【均衡】：可通过 RGB、亮度、Photoshop 样式自动调整素材的颜色。为素材添加该效果的前后对比如图 7-27 所示。

图 7-26

图 7-27

【更改为颜色】：可将画面中的一种颜色变为另外一种颜色。为素材添加该效果的前后对比如图 7-28 所示。

【更改颜色】：与【更改为颜色】相似，可将颜色进行更改替换。为素材添加该效果的前后对比如图 7-29 所示。

图 7-28

图 7-29

【通道混合器】：常用于修改画面中的颜色。为素材添加该效果的前后对比如图 7-30 所示。

【颜色平衡（HLS）】：可通过色相、亮度和饱和度等参数调节画面色调。为素材添加该效果的前后对比如图 7-31 所示。

图 7-30 图 7-31

ASC CDL：可对素材文件进行红、绿、蓝 3 种色相及饱和度的调整。为素材添加该效果的前后对比如图 7-32 所示。

【Brightness & Contrast（亮度与对比度）】：可以调整素材的亮度和对比度参数。为素材添加该效果的前后对比如图 7-33 所示。

图 7-32 图 7-33

【Lumetri 颜色】：可在通道中对素材文件进行颜色调整。为素材添加该效果的前后对比如图 7-34 所示。

【色彩】：可通过所更改的颜色对图像进行颜色的变换处理。为素材添加该效果的前后对比如图 7-35 所示。

图 7-34 图 7-35

【视频限制器】：可以对画面中素材的颜色值进行限幅调整。为素材添加该效果的前后对比如图 7-36 所示。

【颜色平衡】：可调整素材中阴影红、绿、蓝，中间调红、绿、蓝和高光红、绿、蓝所占的比例。为素材添加该效果的前后对比如图 7-37 所示。

图 7-36 图 7-37

综合实例：制作保留颜色效果

文件路径：第 7 章→综合实例：制作保留颜色效果

本案例主要是为素材添加【保留颜色】效果，并设置合适的参数，使画面中保留指定的颜色，其他颜色变为黑白色。案例效果如图 7-38 所示。

扫一扫，看视频

图 7-38

（1）在菜单栏中选择【文件】→【新建】→【项目】命令创建一个项目，然后在菜单栏中选择【文件】→【导入】命令，在弹出的【导入】对话框中导入全部素材，如图 7-39 所示。

图 7-39

（2）将【项目】面板中的 1.mp4 素材文件拖曳到【时间轴】面板中，如图 7-40 所示。

（3）此时画面效果如图 7-41 所示。

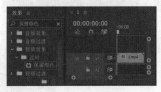

图 7-40 　　　　　　　 图 7-41

（4）在【效果】面板中搜索【保留颜色】效果，并将其拖曳到【时间轴】面板 V1 轨道中的 1.mp4 素材文件上，如图 7-42 所示。

（5）选择 V1 轨道中的 1.mp4 素材文件，在【效果控件】面板中展开【保留颜色】效果，设置【脱色量】为 100.0%、【要保留的颜色】为红色、【容差】为 24.0%，如图 7-43 所示。

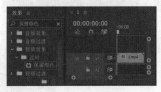

图 7-42 　　　　　　　 图 7-43

（6）至此，本案例制作完成。画面前后对比效果如图 7-44 所示。

图 7-44

扫一扫，看视频

综合实例：制作青橙色调

文件路径：第 7 章→综合实例：制作青橙色调

本案例主要是为素材添加【Lumetri 颜色】效果，并设置合适的参数，使画面产生青橙色调效果。案例效果如图 7-45 所示。

图 7-45

（1）在菜单栏中选择【文件】→【新建】→【项目】命令创建一个项目，然后在菜单栏中选择【文件】→【导入】命令，在弹出的【导入】对话框中导入全部素材，如图 7-46 所示。

（2）将【项目】面板中的 1.mp4 素材文件拖曳到【时间轴】面板中，如图 7-47 所示。

（3）此时画面效果如图 7-48 所示。

图 7-46

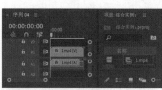

图 7-47　　　　　图 7-48

（4）在【效果】面板中搜索【Lumetri 颜色】效果，并将其拖曳到【时间轴】面板中的 V1 轨道的 1.mp4 素材文件上，如图 7-49 所示。

（5）选择 V1 轨道的 1.mp4 素材文件，在【效果控件】面板中展开【Lumetri 颜色】→【基本校正】→【颜色】效果，设置【色温】

图 7-49

为 –34.0、【色彩】为 4.0、【饱和度】为 147.0，展开【灯光】效果，设置【曝光】为 0.7、【对比度】为 13.0、【高光】为 12.0、【阴影】为 –5.0、【白色】为 26.0、【黑色】为 –6.0，如图 7-50 所示。

（6）此时画面效果如图 7-51 所示。

图 7-50　　　　　　　　　　　　　图 7-51

（7）展开【创意】→【调整】效果，设置【锐化】为 13.0、【自然饱和度】为 8.0，将【阴影色彩】的控制点向左上方拖动，将【高光色彩】的控制点向左下方拖动，如图 7-52 所示。

（8）此时画面效果如图 7-53 所示。

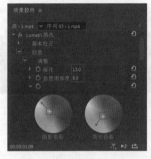 

图 7-52　　　　　　　　　　　　　图 7-53

（9）展开【曲线】→【RGB 曲线】效果，单击【RGB 通道】，在曲线上添加控制点调整曲线形状；单击【红色通道】，在曲线上添加控制点调整曲线形状；单击【蓝色通道】，在曲线上添加控制点调整曲线形状，如图 7-54 所示。

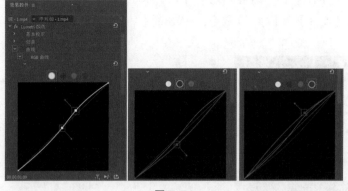

图 7-54

（10）此时画面效果如图 7-55 所示。

（11）展开【色轮和匹配】效果，将【中间调】的控制点向蓝色区域拖动，将【高光】的控制点向下拖动，如图 7-56 所示。

图 7-55　　　　　　　　　　　　　图 7-56

（12）展开【HSL 辅助】→【更正】效果，设置【色温】为 9.0、【色彩】为 8.0，如图 7-57 所示。

（13）至此，本案例制作完成。画面前后对比效果如图 7-58 所示。

图 7-57　　　　　　　　　　　　　　　　图 7-58

综合实例：制作梦幻感色调

扫一扫，看视频

文件路径：第 7 章→综合实例：制作梦幻感色调

本案例主要是为素材添加【RGB 曲线】和【颜色平衡（HLS）】效果，并设置合适的参数，将画面更改为梦幻感色调。案例效果如图 7-59 所示。

（1）在菜单栏中选择【文件】→【新建】→【项目】命令创建一个项目，然后在菜单栏中选择【文件】→【导入】命令，在弹出的【导入】对话框中导入全部素材，如图 7-60 所示。

图 7-59　　　　　　　　　　　　　　图 7-60

（2）将【项目】面板中的 1.mp4 素材文件拖曳到【时间轴】面板中，如图 7-61 所示，此时自动生成一个与 1.mp4 素材文件等大的序列。

（3）此时画面效果如图 7-62 所示。

（4）在【效果】面板中搜索【RGB 曲线】效果，并将其拖曳到【时间轴】面板中的 V1 轨道的 1.mp4 素材文件上，如图 7-63 所示。

图 7-61

图 7-62　　　　　　图 7-63

（5）选择 V1 轨道的 1.mp4 素材文件，在【效果控件】面板中展开【RGB 曲线】效果，依次在【主要】【红色】【绿色】和【蓝色】通道中添加控制点，并调整曲线的形状，如图 7-64 所示。

（6）此时画面效果如图 7-65 所示。

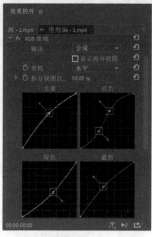

图 7-64　　　　　　图 7-65

（7）在【效果】面板中搜索【颜色平衡（HLS）】效果，并将其拖曳到【时间轴】面板中的 V1 轨道的 1.mp4 素材文件上，如图 7-66 所示。

（8）选择 V1 轨道的 1.mp4 素材文件，在【效果控件】面板中展开【颜色平衡（HLS）】效果，设置【色相】为 -28.0°、【亮度】为 -11.0、【饱和度】为 15.0，如图 7-67 所示。

图 7-66　　　　　　图 7-67

（9）至此，本案例制作完成。画面前后对比效果如图7-68所示。

图7-68

综合实例：制作漫画色调

扫一扫，看视频

文件路径：第7章→综合实例：制作漫画色调

本案例主要是为素材添加【Lumetri 颜色】效果，并设置合适的参数，将画面更改为漫画色调。案例效果如图7-69所示。

图7-69

（1）在菜单栏中选择【文件】→【新建】→【项目】命令创建一个项目，然后在菜单栏中选择【文件】→【导入】命令，在弹出的【导入】对话框中导入全部素材，如图7-70所示。

图7-70

（2）将【项目】面板中的1.mp4素材文件拖曳到【时间轴】面板中，如图7-71所示。

（3）此时画面效果如图7-72所示。

（4）在【效果】面板中搜索【Lumetri 颜色】效果，并将其拖曳到【时间轴】面板中的1.mp4素材文件上，如图7-73所示。

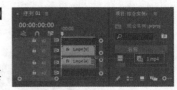

图7-71

中文版 Premiere Pro 实用教程（案例视频版）

图 7-72   图 7-73

（5）选择 V1 轨道的 1.mp4 素材文件，在【效果控件】面板中展开【Lumetri 颜色】→【基本校正】→【颜色】效果，设置【饱和度】为 140.0；展开【灯光】效果，设置【曝光】为 0.9、【对比度】为 5.0、【高光】为 19.0、【阴影】为 10.0、【白色】为 2.0，如图 7-74 所示。

（6）此时画面效果如图 7-75 所示。

图 7-74   图 7-75

（7）展开【创意】→【调整】效果，设置【锐化】为 25.0、【饱和度】为 119.0；展开【晕影】效果，设置【数量】为 0.5，如图 7-76 所示。

（8）至此，本案例制作完成。画面前后对比效果如图 7-77 所示。

图 7-76   图 7-77

综合实例：制作更具诱惑力的美食色调

文件路径：第 7 章→综合实例：制作更具诱惑力的美食色调

本案例主要是为素材添加 Brightness & Contrast 效果，并设置合适的参数，使画面中的食物更有诱惑力。案例效果如图 7-78 所示。

扫一扫，看视频

图 7-78

（1）在菜单栏中选择【文件】→【新建】→【项目】命令创建一个项目,然后在菜单栏中选择【文件】→【导入】命令，在弹出的【导入】对话框中导入全部素材，如图 7-79 所示。

（2）将【项目】面板中的 1.jpg 素材拖曳到【时间轴】面板中，如图 7-80 所示，此时自动生成一个与 1.jpg 素材文件等大的序列。

图 7-79

图 7-80

（3）此时画面效果如图 7-81 所示。

（4）在【效果】面板中搜索 Brightness & Contrast 效果，将其拖曳到【时间轴】面板中的 V1 轨道的 1.jpg 素材文件上，如图 7-82 所示。

图 7-81

图 7-82

（5）在【时间轴】面板中选择 V1 轨道中的 1.jpg 素材文件，在【效果控件】面板中展开 Brightness & Contrast 效果，设置【亮度】为 -7、【对比度】为 6.0，如图 7-83 所示。

（6）至此，本案例制作完成。画面前后对比效果如图 7-84 所示。

图 7-83

图 7-84

7.5 课堂演练：制作电影感冷色调

扫一扫，看视频

路径：第 7 章→课堂演练：制作电影感冷色调

本案例主要是为素材添加【Lumetri 颜色】效果，并设置合适的参数，将画面更改为电影冷色调效果。案例效果如图 7-85 所示。

图 7-85

（1）在菜单栏中选择【文件】→【新建】→【项目】命令创建一个项目，然后在菜单栏中选择【文件】→【导入】命令，在弹出的【导入】对话框中导入全部素材，如图 7-86 所示。

图 7-86

（2）将【项目】面板中的 1.mp4 素材文件拖曳到【时间轴】面板中，如图 7-87 所示。

（3）此时画面效果如图 7-88 所示。

（4）在【效果】面板中搜索【Lumetri 颜色】效果，并将其拖曳到【时间轴】面板中的 V1 轨道的 1.mp4 素材文件上，如图 7-89 所示。

图 7-87

图 7-88

图 7-89

（5）选择 V1 轨道中的 1.mp4 素材文件,在【效果控件】面板中展开【Lumetri 颜色】→【基本校正】→【颜色】效果，设置【色温】为 -66.0、【色彩】为 4.0；展开【灯光】效果，设置【对比度】为 7.0；展开【创意】→【调整】效果，设置【淡化胶片】为 5.0、【锐化】为 11.0，如图 7-90 所示。

（6）此时画面效果如图 7-91 所示。

图 7-90

图 7-91

187

（7）展开【曲线】→【RGB 曲线】效果，单击【RGB 通道】，在曲线上添加控制点调整曲线的形状，如图 7-92 所示。

（8）此时画面效果如图 7-93 所示。

图 7-92　　　　　　　　　　　图 7-93

（9）展开【色轮】效果，将【中间调】的控制点向右下方拖动，将【阴影】左侧的滑块向下拖→动，将【高光】左侧的滑块向上拖动，如图 7-94 所示。

（10）至此，本案例制作完成。画面前后对比效果如图 7-95 所示。

图 7-94　　　　　　　　　　　图 7-95

7.6　随堂测试

1. 知识考察

（1）使用图像控制类视频调色效果进行调色。

（2）使用过时类视频调色效果进行调色。

（3）使用颜色校正类视频调色效果进行调色。

2. 实战演练

参考给定作品，调出水墨画效果。

参考效果	可用工具
	黑白、亮度曲线、高斯模糊、色阶等效果

3. 项目实操

为素材制作"复古"的风格。

要求：

（1）原素材为正常的颜色色彩。

（2）可使用【Lumetri 颜色】等效果进行调色，使其产生复古色调。

文字 | 第 8 章

🔊 **学时安排**

总学时：6 学时

理论学时：1 学时

实践学时：5 学时

🔊 **教学内容概述**

文字是一种常见的视觉表现方式，其包含如字母、数字以及标点符号之类的元素，可用来传达语义和信息。Premiere Pro 2024 具有出色的文字制作和编排能力，可以调整相应的属性以达到最佳效果。本章主要讲解认识文字、文字工具和创建文字以及文字应用等内容。

🔊 **教学目标**

- 认识文字
- 了解文字工具
- 掌握创建文字的方法

8.1　认　识　文　字

　　文字是一种重要的视觉传达工具，在图形设计中既能传递信息内容，又是详细而独特的符号。在设计过程中，选择合适的字体、字号和颜色等元素可以增强文字的视觉效果，使其与整体设计相协调。同时，合理布局和排版可以使文字更加易读和吸引人。因此，了解并运用好文字的设计原则是非常重要的。

8.2　文　字　工　具

　　在 Premiere Pro 2024 中，文字工具包括【文字工具】和【垂直文字工具】。在【工具】面板中按 ![T]（文字工具）按钮，在弹出的工具组中单击 ![T]（文字工具）和 ![T]（垂直工具）按钮可选择相应功能，如图 8-1 所示。

图 8-1

　　![T]（文字工具）：单击该工具可以创建横排文字。
　　![T]（垂直文字工具）：单击该工具可以创建垂直的文字

8.3　创　建　文　字

　　在 Premiere Pro 2024 中，可以使用【文字工具】创建文字，也可以使用【基本图形】面板创建文字。

8.3.1　使用【文字工具】创建文字

　　文字工具组中包含【文字工具】和【垂直文字工具】两种工具，可以创建直排文字和横排文字。在【工具】面板中单击 ![T]（文字工具）按钮，如图 8-2 所示。

图 8-2

将时间线滑动到合适位置，在【节目监视器】面板中的合适位置单击插入光标并输入合适的文本，如图 8-3 所示。

在【工具】面板中长按【文字工具】按钮，在弹出的子菜单中单击【垂直文字工具】，如图 8-4 所示。

将时间线滑动到合适位置，在【节目监视器】面板中的合适位置单击插入光标并输入文字，如图 8-5 所示。

图 8-3　　　　　　　　　　图 8-4　　　　　　　　　　图 8-5

在【时间轴】面板中选中 V2 轨道的文本图层，在【效果控件】面板中展开【文本】效果，并设置相关的参数，如图 8-6 所示。

此时画面效果如图 8-7 所示。

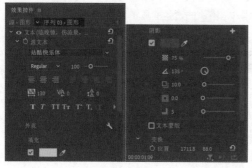

图 8-6　　　　　　　　　　　　　　　　　图 8-7

8.3.2　使用【基本图形】面板创建文字

在 Premiere Pro 2024 中，除了可以使用【文字工具】创建文字以外，还可以使用【基本图形】面板创建文字。

在使用【基本图形】面板创建文字之前要打开【基本图形】面板。

在菜单栏中选择【窗口】→【基本图形】命令，如图 8-8 所示。

此时【基本图形】面板被打开，如图 8-9 所示。

在基本图形面板中单击【编辑】选项卡，然后单击■（新建图层）按钮，在弹出的子菜单中选择【文本】命令，如图 8-10 所示。

双击文字修改内容，设置合适的参数，如图 8-11 所示。

此时画面效果如图 8-12 所示。

图 8-8　　　　　　　　　图 8-9　　　　　　　　　图 8-10

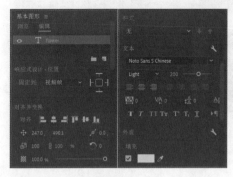

图 8-11　　　　　　　　　　　　　　　图 8-12

第 8 章　文字

综合实例：制作发光文字

文件路径：第 8 章→综合实例：制作发光文字

扫一扫，看视频

本案例主要使用【文字工具】制作文字，并设置合适的参数，然后为文字添加【Alpha 发光】效果，制作发光文字。案例效果如图 8-13 所示。

图 8-13

（1）在菜单栏中选择【文件】→【新建】→【项目】命令创建一个项目，然后在菜单栏中选择【文件】→【导入】命令，在弹出的【导入】对话框中导入全部素材，如图 8-14 所示。

图 8-14

（2）将【项目】面板中的 1.mp4 素材文件拖曳到【时间轴】面板中，如图 8-15 所示，此时自动生成一个与 1.mp4 素材文件等大的序列。

（3）此时画面效果如图 8-16 所示。

图 8-15　　　　　　　　　　　　　图 8-16

（4）将时间线滑动至起始位置，单击【工具】面板中的【文字工具】按钮，在【节目监视器】面板中单击并输入文字，如图 8-17 所示。

（5）选择 V2 轨道的文字图层，在【效果控件】面板中展开【文本】→【源文本】效果，设置合适的字体和字号，然后单击填充颜色，如图 8-18 所示。

图 8-17　　　　　　　　　　　　　图 8-18

（6）在弹出的【拾色器】对话框中设置【填充类型】为线性渐变，设置白色到蓝色的渐变颜色，如图 8-19 所示。

（7）选中【描边】复选框，设置【描边颜色】为橙色→蓝色→白色的径向渐变颜色，设置【描边宽度】为 4.0、【描边类型】为外侧；选中【阴影】效果，设置【不透明度】为 75%、【角度】为 135.0°、【距离】为 7.0、【大小】为 0.0、【模糊】为 40；展开【变换】效果，设置【位置】为（166.7，686.8），如图 8-20 所示。

图 8-19

图 8-20

（8）此时文本效果如图 8-21 所示。

（9）在【效果】面板中搜索【Alpha 发光】效果，并将其拖曳到【时间轴】面板中的 V2 轨道的文字图层上，如图 8-22 所示。

图 8-21

图 8-22

（10）在【时间轴】面板中选择 V2 轨道的文字图层，在【效果控件】面板中展开【Alpha 发光】效果，设置【亮度】为 201、【起始颜色】为蓝色、【结束颜色】为青色，如图 8-23 所示。

（11）至此，本案例制作完成。滑动时间线，效果如图 8-24 所示。

图 8-23

图 8-24

综合实例：制作镂空文字

文件路径：第 8 章→综合实例：制作镂空文字

本案例主要使用【文字工具】制作文字并设置合适的参数，然后在素材上添加【轨道遮罩键】效果制作镂空文字效果。案例效果如图 8-25 所示。

扫一扫，看视频

195

图 8-25

（1）在菜单栏中选择【文件】→【新建】→【项目】命令创建一个项目,然后在菜单栏中选择【文件】→【导入】命令,在弹出的【导入】对话框中导入全部素材,如图 8-26 所示。

图 8-26

（2）将【项目】面板中的 1.mp4 素材文件拖曳到【时间轴】面板中,如图 8-27 所示,此时自动生成一个与 1.mp4 素材文件等大的序列。

（3）此时画面效果如图 8-28 所示。

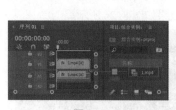

图 8-27

图 8-28

（4）将时间线滑动至起始位置,单击【工具】面板中的【文字工具】按钮,在【节目监视器】面板中单击并输入文字,如图 8-29 所示。

图 8-29

（5）选择 V2 轨道中的文字图层，在【效果控件】面板中展开【文本】→【源文本】效果，设置字体和字号，单击【全部大写字母】**TT** 按钮，设置【填充颜色】为白色；展开【变换】效果，设置【位置】为（0.0，2159.9）、【缩放】为 188，如图 8-30 所示。

（6）将时间线滑动至起始位置，展开【矢量运动】效果，单击【位置】前面的切换动画按钮，设置【位置】为（1920.0，1080.0），如图 8-31 所示。将时间线滑动至 7 秒 01 帧的位置，设置【位置】为（-19341.0，1080.0）。

图 8-30　　　　　　　　　　　图 8-31

（7）此时滑动时间线，画面效果如图 8-32 所示。

（8）在【效果】面板中搜索【轨道遮罩键】效果，并将其拖曳到【时间轴】面板中的 V1 轨道的 1.mp4 素材文件上，如图 8-33 所示。

图 8-32　　　　　　　　　　　图 8-33

（9）在【时间轴】面板中选择 V1 轨道的 1.mp4 素材文件，在【效果控件】面板中展开【轨道遮罩键】效果，设置【遮罩】为视频 2，如图 8-34 所示。

（10）至此，本案例制作完成。滑动时间线，画面效果如图 8-35 所示。

图 8-34　　　　　　　　　　　图 8-35

8.4　课堂演练：制作扫光文字

文件路径：第 8 章→课堂演练：制作扫光文字

本案例主要使用【文字工具】制作文字并设置参数，然后为文字添加蒙版，并设置关键帧动画，制作扫光文字效果。案例效果如图 8-36 所示。

图 8-36

（1）在菜单栏中选择【文件】→【新建】→【项目】命令创建一个项目，然后在菜单栏中选择【文件】→【导入】命令，在弹出的【导入】对话框中导入全部素材，如图 8-37 所示。

图 8-37

（2）将【项目】面板中的 1.jpg 素材文件拖曳到【时间轴】面板中，如图 8-38 所示，此时自动生成一个与 1.jpg 素材文件等大的序列。

（3）此时画面效果如图 8-39 所示。

图 8-38

图 8-39

（4）将时间线滑动至起始位置，单击【工具】面板中的【文字工具】按钮，在【节目监视器】面板中单击并输入文字，如图 8-40 所示。

（5）选择 V2 轨道中的文字图层，在【效果控件】面板中展开【文本】→【源文本】效果，设置字体和字号，单击【全部大写字母】按钮，然后单击【填充颜色】图标，如图 8-41 所示。

<table>
<tr><td>图 8-40</td><td>图 8-41</td></tr>
</table>

（6）在弹出的【拾色器】对话框中设置【填充类型】为线性渐变、灰色系渐变颜色、【角度】为 60.0°，如图 8-42 所示。

（7）选中【阴影】复选框，设置【阴影颜色】为黑色、【不透明度】为 80%、【角度】为 135°，【距离】为 23.1、【大小】为 0.0、【模糊】为 40；展开【变换】效果，设置【位置】为（120.0，573.5），如图 8-43 所示。

<table>
<tr><td>图 8-42</td><td>图 8-43</td></tr>
</table>

（8）此时画面效果如图 8-44 所示。

（9）选择 V2 轨道中的文字图层，将时间线滑动至 3 秒 02 帧的位置，使用快捷键 Ctrl+K 进行裁剪，如图 8-45 所示。

（10）选择 V2 轨道 3 秒 02 帧后面的文字图层，在【效果控件】面板中展开【文本】→【源文本】效果，单击【填充颜色】图标，在弹出的【拾色器】对话框中设置【填充类型】为线性渐变，设置一个灰色系渐变颜色，设置【角度】为 60.0°如图 8-46 所示。

图 8-44

<table>
<tr><td>图 8-45</td><td>图 8-46</td></tr>
</table>

（11）此时画面效果如图 8-47 所示。

（12）将时间线滑动至起始位置，选择 V2 轨道中的文字图层，按住 Alt 键的同时用鼠标左键向 V3 轨道拖动并复制，如图 8-48 所示。

图 8-47　　　　　　　　　　　　　图 8-48

（13）选择 V3 轨道的文字图层，在【效果控件】面板中展开【文本】→【源文本】效果，更改【填充颜色】为白色，如图 8-49 所示。

（14）将时间线滑动至起始位置，单击【创建 4 点多边形蒙版】按钮，然后单击【蒙版路径】前面的切换动画按钮，如图 8-50 所示。

图 8-49　　　　　　　　　　　　　图 8-50

（15）在【节目监视器】面板中调整蒙版的形状及位置，如图 8-51 所示。

（16）将时间线滑动至 3 秒的位置，在【节目监视器】面板中调整蒙版的位置，如图 8-52 所示。

图 8-51　　　　　　　　　　　　　图 8-52

（17）在【效果】面板中搜索【Alpha 发光】效果，并将其拖曳到【时间轴】面板中的 V3 轨道的文字图层上，如图 8-53 所示。

（18）此时滑动时间线，画面效果如图 8-54 所示。

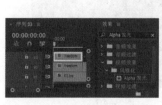

图 8-53　　　　　　　　　　　　　图 8-54

（19）在【效果】面板中搜索【交叉溶解】效果，并将其拖曳到【时间轴】面板中的 V2 轨道 3 秒 02 帧位置的两个文字图层之间，如图 8-55 所示。

（20）至此，本案例制作完成，滑动时间线，效果如图 8-56 所示。

图 8-55　　　　　　　　　　　　　　图 8-56

8.5　随堂测试

1. 知识考察

（1）使用"文字工具"创建和修改文字。

（2）使用"基本图形"面板创建和修改文字。

2. 实战演练

参考给定作品，制作艺术感文字。

参考效果	可用工具
	文字工具、变换效果、斜面 Alpha 效果

3. 项目实操

为任意视频添加文字说明。

要求：

（1）主题鲜明，具有一定的艺术性。

（2）可以选择任意视频作为素材。

（3）可应用"文字工具"创建文字，并根据个人需要设计文字效果。

抠像

第 9 章

◀» **学时安排**

总学时：4 学时

理论学时：1 学时

实践学时：3 学时

◀» **教学内容概述**

抠像是影视制作中较为常用的技术手段，可抠除人像背景，将背景变得透明，可重新更换背景，合成更奇妙的画面。抠像技术可使一个实景画面更有层次感和设计感，是制作虚拟场景的重要途径之一。本章主要学习抠像类效果的使用方法。

◀» **教学目标**

- 了解抠像的概念
- 掌握抠像类效果的应用
- 学会使用抠像类效果抠像并合成

9.1　认 识 抠 像

在影视作品中，常常可以看到很多夸张的、震撼的、虚拟的镜头。例如，有些特效电影中的人物在高楼之间穿梭、跳跃，这是演员无法完成的动作，因此可以借助技术手段处理画面，达到想要的效果。其中一个技术手段就是抠像，抠像是指人或物在绿棚或蓝棚中演出，然后后期在 Premiere Pro 等软件中抠除绿色或蓝色背景，更换为合适的背景画面，进而将人和背景完美地结合起来，从而呈现更具视觉冲击力的画面效果，如图 9-1 和图 9-2 所示。

图 9-1 　　　　　　　　　　　　　　　　图 9-2

在影视制作中，背景的颜色不仅仅局限于绿色和蓝色两种颜色，任何可与演员的服饰、妆容等区分开的纯色都可以实现该技术，可以此提升虚拟演播室的效果，如图 9-3 所示。

图 9-3

9.1.1　为什么要抠像

抠像的最终目的是为了将人物与背景相融合。既可以使用其他背景素材替换原背景，也可以添加一些前景元素，使其与原始图像相互融合，形成二层或多层画面的叠加合成，实现丰富的层次感和神奇的合成视觉艺术效果，如图 9-4 所示。

图 9-4

9.1.2　拍摄抠像素材的注意事项

虽然可以使用 Premiere Pro 为人像抠除背景，但是也应该注意在拍摄抠像素材时尽量做到规范，这样会给后期工作节省很多时间，也会取得更好的画面质量。拍摄时需注意以下几点。

（1）拍摄素材时，尽量选择颜色均匀、平整的绿色或蓝色背景。

（2）拍摄时的灯光照射方向应与最终合成的背景光线一致，避免合成效果太"假"。

（3）选择合理的拍摄角度，以使合成效果更真实。

（4）尽量避免人物穿着与背景同色的绿色或蓝色服饰，以免这些颜色在后期抠像时被一并抠除。

蓝屏抠像原理：抠像的主体物背景为蓝色，且前景物体不可以包含蓝色，利用抠像技术抠除背景从而得到所需特殊效果的技术。目前广泛地应用于图像处理、虚拟演播室、影视制作等领域的后期处理，是影视业在抠像中常用的方法。图 9-5 为蓝屏下拍摄的画面。

绿屏抠像原理：该抠像方法与蓝屏相同，其背景为绿色，这种方法常适用于拍摄欧美人。因为个别地区的欧美人眼球为蓝色，在蓝屏背景下进行抠像会损坏前景人物像素。图 9-6 为绿屏下拍摄的画面。

图 9-5　　　　　　　　　　图 9-6

9.2　常用抠像效果

在 Premiere Pro 中，抠像又叫【键控】，常用的抠像效果有 9 种，分别为【过时】效果组中的【图像遮罩键】、【差值遮罩】、【移除遮罩】、【非红色键】和【键控】效果组中的【Alpha 调整】、【亮度键】、【超级键】、【轨道遮罩键】、【颜色键】，如图 9-7 所示。

图 9-7

9.2.1　图像遮罩键

【图像遮罩键】可使用一个遮罩图像的 Alpha 通道或亮度值来控制素材的透明区域。【图像遮罩键】参数面板如图 9-8 所示。

● ▇▇按钮：可以在弹出的对话框中选择合适的图片作为遮罩的素材文件。

● 合成使用：包含 Alpha 遮罩和亮度遮罩两种遮罩方式。

图 9-8

- 反向：选中该复选框，遮罩效果将与实际效果相反。

9.2.2 差值遮罩

【差值遮罩】在为对象建立遮罩后可建立透明区域，显示该图像下面的素材文件。【差值遮罩】参数面板如图 9-9 所示。

- 视图：设置合成图像的最终显示效果，包含【最终输出】【仅限源】【仅限遮罩】3 种输出方式。
- 差值图层：设置与当前素材产生差值的层。
- 如果图层大小不同：如果差异层和当前素材层的尺寸不同，设置层与层之间的匹配方式。【居中】表示中心对齐，【伸展以适配】表示将拉伸差异层以匹配当前素材层。
- 匹配容差：设置层与层之间的容差匹配值。
- 匹配柔和度：设置层与层之间的匹配柔和程度。
- 差值前模糊：将不同像素块进行差值模糊。

图 9-9

9.2.3 移除遮罩

【移除遮罩】可为对象定义遮罩后，在对象上建立一个遮罩轮廓，将带有【白色】或【黑色】的区域转换为透明效果进行移除。【移除遮罩】参数面板如图 9-10 所示。

遮罩类型：选择要移除的颜色，包含【白色】【黑色】两种类型。

图 9-10

9.2.4 非红色键

【非红色键】可叠加带有蓝色背景的素材并将蓝色或绿色区域变为透明效果。【非红色键】参数面板如图 9-11 所示。

- 阈值：调整素材文件的透明程度。图 9-12 所示为设置不同【阈值】参数的对比效果。

图 9-11　　　　　　　　　　图 9-12

- 屏蔽度：设置素材文件中【非红色键】效果的控制位置和图像屏蔽度。
- 去边：执行该效果时，可选择去除素材的绿色边缘或者蓝色边缘。
- 平滑：设置素材文件的平滑程度。其中包含【低】程度和【高】程度两种。
- 仅蒙版：设置素材文件在操作中自身蒙版的状态。

9.2.5 Alpha 调整

【Alpha 调整】可选择一个画面作为参考，按照它的灰度等级决定该画面的叠加效果，并可通过调整不透明度数值得到不同的画面效果。【Alpha 调整】参数面板如图 9-13 所示。

- 不透明度：数值越小，Alpha 通道中的图像越透明。
- 忽略 Alpha：选中该复选框时，会忽略 Alpha 通道。
- 反转 Alpha：选中该复选框时，会将 Alpha 通道进行反转。图 9-14 所示为选中【反转 Alpha】复选框前后的对比效果。
- 仅蒙版：选中该复选框时，仅显示 Alpha 通道的蒙版，不显示其中的图像。

图 9-13

图 9-14

9.2.6 亮度键

【亮度键】可将被叠加画面的灰度值设置为透明而保持色度不变。【亮度键】参数面板如图 9-15 所示。

- 阈值：调整素材的透明程度。
- 屏蔽度：设置被键控图像的终止位置。

图 9-15

9.2.7 超级键

【超级键】可使用吸管 在画面中吸取需要抠除的颜色，此时该颜色在画面中消失。【超级键】参数面板如图 9-16 所示。

- 输出：设置素材输出类型，包含【合成】【Alpha 通道】【颜色通道】3 种类型。
- 设置：设置抠像的类型，包括【默认】【弱效】【强效】【自定义】等类型。
- 主要颜色：设置透明颜色的针对对象。
- 遮罩生成：调整遮罩产生的方式，包括【透明度】【高光】【阴影】【容差】【基值】等。
- 遮罩清除：调整遮罩的属性类型，包括【抑制】【柔化】【对比度】【中间点】等。
- 溢出抑制：调整对溢出色彩的抑制，包括【降低饱和度】【范围】【溢出】【亮度】等。
- 颜色校正：对素材颜色的校正，包括【饱和度】【色相】【明亮度】等。

图 9-16

9.2.8 轨道遮罩键

【轨道遮罩键】可通过亮度值定义蒙版层的透明度。【轨道遮罩键】参数面板如图 9-17 所示。

- 遮罩：选择用来跟踪抠像的视频轨道。
- 合成方式：选择用于合成的选项类型，包含【Alpha 遮罩】和【亮度遮罩】两种。
- 反向：选中该复选框，效果进行反向选择。

图 9-17

9.2.9 颜色键

【颜色键】是抠像中最常用的效果之一，使用 工具吸取画面颜色，即可将该种颜色变为透明。【颜色键】参数面板如图 9-18 所示。

- 主要颜色：设置抠像的目标颜色，默认情况下为蓝色。图 9-19 所示是将【主要颜色】设置为蓝色时进行抠像处理的对比效果。

图 9-18   图 9-19

- 颜色容差：针对选择的【主要颜色】进行透明度设置。
- 边缘细化：设置边缘的平滑程度。
- 羽化边缘：设置边缘的柔和程度。

综合实例：利用抠像技术制作人物进入画框效果

扫一扫，看视频

文件路径：第 9 章→综合实例：利用抠像技术制作人物进入画框效果

本案例首先调整素材的速度，为素材添加【变换】和【油漆桶】效果制作背景，然后为人物素材添加【超级键】进行抠像，最后为人像添加关键帧动画制作人物进入画框效果。案例效果如图 9-20 所示。

图 9-20

（1）在菜单栏中选择【文件】→【新建】→【项目】命令创建一个项目，然后在菜单栏中选择【文件】→【导入】命令，在弹出的【导入】对话框中导入全部素材，如图9-21所示。

图 9-21

（2）将【项目】面板中的1.mp4素材文件拖曳到【时间轴】面板中，如图9-22所示，此时自动生成一个与1.mp4素材文件等大的序列。

（3）此时画面效果如图9-23所示。

图 9-22　　　　　　　　　图 9-23

（4）在【时间轴】面板中选择V1轨道中的素材文件，使用快捷键Ctrl+R打开【剪辑速度/持续时间】对话框，在该对话框中设置【速度】为200%，单击【确定】按钮，如图9-24所示。

（5）在【效果】面板中搜索【变换】效果，并将其拖曳到【时间轴】面板中的V1轨道的1.mp4素材文件上，如图9-25所示。

图 9-24　　　　　　　　　图 9-25

（6）在【时间轴】面板中选择V1轨道中的1.mp4素材文件，在【效果控件】面板中展开【变换】效果，设置【缩放】为98.0，如图9-26所示。

（7）在【效果】面板中搜索【油漆桶】效果，并将其拖曳到【时间轴】面板中的V1轨道的1.mp4素材文件上，如图9-27所示。

图 9-26　　　　　　　　　图 9-27

（8）在【时间轴】面板中选择 V1 轨道的 1.mp4 素材文件，在【效果控件】面板中展开【油漆桶】效果，设置【填充选择器】为不透明度，【描边】为描边，【描边宽度】为 40.0，【颜色】为白色，如图 9-28 所示。

（9）此时画面效果如图 9-29 所示。

图 9-28　　　　　　　　　　　图 9-29

（10）将时间线滑动至起始位置，将【项目】面板中的 2.mp4 素材文件拖曳到【时间轴】面板中的 V2 轨道上，如图 9-30 所示。

（11）此时画面效果如图 9-31 所示。

图 9-30　　　　　　　　　　　图 9-31

（12）在【时间轴】面板中选择 V2 轨道的 2.mp4 素材文件，使用快捷键 Ctrl+R 打开【剪辑速度/持续时间】对话框，在该对话框中设置【速度】为 200%，单击【确定】按钮，如图 9-32 所示。

（13）在【效果】面板中搜索【超级键】效果，并将其拖曳到【时间轴】面板中的 V2 轨道的 1.mp4 素材文件上，如图 9-33 所示。

图 9-32　　　　　　　　　　　图 9-33

（14）在【时间轴】面板中选择 V1 轨道的 1.mp4 素材文件，在【效果控件】面板中展开【超级键】效果，设置【主要颜色】为绿色，如图 9-34 所示。

（15）此时画面效果如图 9-35 所示。

图 9-34　　　　　　　　　　　图 9-35

（16）展开【运动】效果，将时间线滑动至起始位置，单击【位置】和【缩放】前面的切换动画按钮，设置【位置】为（1816.0，1073.0）、【缩放】为119.0，如图9-36所示。将时间线滑动至24帧的位置，设置【位置】为（1920.0，1080.0）、【缩放】为100.0。

（17）至此，本案例制作完成。滑动时间线，画面效果如图9-37所示。

图 9-36

图 9-37

综合实例：使用蒙版工具抠像并转场

扫一扫，看视频

文件路径：第9章→综合实例：使用蒙版工具抠像并转场

本案例首先调整素材的持续时间，然后使用【不透明度】中的【自由绘制贝塞尔曲线】绘制蒙版为素材进行抠像，最后为素材添加【方向模糊】效果并添加关键帧动画制作抠像并转场效果。案例效果如图9-38所示。

图 9-38

（1）在菜单栏中选择【文件】→【新建】→【项目】命令创建一个项目，然后在菜单栏中选择【文件】→【导入】命令，在弹出的【导入】对话框中导入全部素材，如图9-39所示。

图 9-39

（2）将【项目】面板中的 1.mp4 素材文件拖曳到【时间轴】面板中，如图 9-40 所示。

（3）此时画面效果如图 9-41 所示。

图 9-40　　　　　　　　　　图 9-41

（4）将时间线滑动至 1 秒 01 帧的位置，选择 V1 轨道中的 1.mp4 素材文件，使用快捷键 Ctrl+K 进行裁剪，选择时间线后面的素材，按 Delete 键进行删除，如图 9-42 所示。

（5）将【项目】面板中的 2.mp4 素材文件拖曳到【时间轴】面板中的 V1 轨道 1 秒 01 帧的位置，如图 9-43 所示。

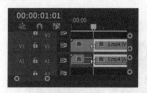
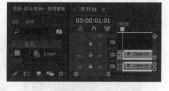

图 9-42　　　　　　　　　　图 9-43

（6）选择 V1 轨道的 2.mp4 素材文件，使用快捷键 Ctrl+R 打开【剪辑速度 / 持续时间】对话框，在该对话框中取消锁定，设置【持续时间】为 1 秒 24 帧，单击【确定】按钮，如图 9-44 所示。

（7）将【项目】面板中的 3.mp4 和 4.mp4 素材文件拖曳到【时间轴】面板中的 V1 轨道上，并设置持续时间，如图 9-45 所示。

图 9-44　　　　　　　　　　图 9-45

（8）选择 V1 轨道的 3.mp4 素材文件，在【效果控件】面板中展开【运动】效果，设置【缩放】为 60.0，如图 9-46 所示。

（9）选择 V1 轨道的 4.mp4 素材文件，在【效果控件】面板中展开【运动】效果，设置【缩放】为 152.0，如图 9-47 所示。

图 9-46　　　　　　　　　　图 9-47

（10）此时滑动时间线，画面效果如图 9-48 所示。

（11）将时间线滑动至 15 帧的位置，将【项目】面板中的 2.mp4 素材文件拖曳到时间轴面板中的 V2 轨道上，并设置持续时间为 2 秒，如图 9-49 所示。

| 图 9-48 | 图 9-49 |

（12）选择 V2 轨道的 2.mp4 素材文件，在【效果控件】面板中展开【不透明度】属性，单击【自由绘制贝塞尔曲线】，如图 9-50 所示。

（13）在【节目监视器】面板中沿着小猫边缘绘制蒙版，如图 9-51 所示。

| 图 9-50 | 图 9-51 |

（14）选择 V2 轨道的 2.mp4 素材文件，右击，在弹出的快捷菜单中选择【嵌套】命令，在弹出的【嵌套序列名称】中设置【名称】为嵌套序列 01，如图 9-52 所示。

（15）在【时间轴】面板中设置嵌套序列 01 的结束时间为 1 秒 07 帧，如图 9-53 所示。

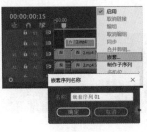

| 图 9-52 | 图 9-53 |

（16）在【效果】面板中搜索【方向模糊】效果，并将其拖曳到【时间轴】面板中的 V2 轨道的嵌套序列上，如图 9-54 所示。

（17）选择 V2 轨道的嵌套序列 01，在【效果控件】面板中展开【运动】和【方向模糊】效果，将时间线滑动至 15 帧的位置，设置【位置】为（2158.0，540.0）、【模糊长度】为 36.0，如图 9-55 所示；将时间线滑动至 19 帧的位置，设置【位置】为（960.0，540.0）；将时间线滑动至 22 帧的位置，设置【模糊长度】为 0.0、【方向】为 90.0°。

（18）此时滑动时间线，画面效果如图 9-56 所示。

（19）使用同样的方法制作另外两个嵌套序列，并设置关键帧动画。至此，本案例制作完成。滑动时间线，画面效果如图 9-57 所示。

图 9-54

图 9-55

图 9-56

图 9-57

9.3 课堂演练：使用抠像技术制作多彩广告

扫一扫，看视频

文件路径：第 9 章→课堂演练：使用抠像技术制作多彩广告

本案例主要使用【超级键】效果将人物进行抠像，然后为素材添加关键帧动画制作多彩广告。案例效果如图 9-58 所示。

（1）在菜单栏中选择【文件】→【新建】→【项目】命令创建一个项目，然后在菜单栏中选择【文件】→【导入】命令，在弹出的【导入】对话框中导入全部素材，如图 9-59 所示。

图 9-58

图 9-59

（2）将【项目】面板中的 1.jpg 素材文件拖曳到【时间轴】面板中，如图 9-60 所示，此时自动生成一个与 1.jpg 素材文件等大的序列。

（3）此时画面效果如图 9-61 所示。

图 9-60   图 9-61

（4）将时间线滑动至起始位置，将【项目】面板中的 2.png 素材文件拖曳到【时间轴】面板中的 V2 轨道上，如图 9-62 所示。

（5）此时画面效果如图 9-63 所示。

图 9-62   图 9-63

（6）在【效果】面板中搜索【超级键】效果，并将其拖曳到【时间轴】面板中的 V2 轨道的 2.png 素材文件上，如图 9-64 所示。

（7）在【时间轴】面板中选择 V2 轨道的 2.png 素材文件，在【效果控件】面板中展开【超级键】效果，设置【主要颜色】为绿色，如图 9-65 所示。

（8）此时画面效果如图 9-66 所示。

图 9-64   图 9-65   图 9-66

（9）在【效果控件】面板中展开【运动】效果，设置【位置】为（608.5，847.0）、【缩放】为 147.0。接着展开【不透明度】效果，将时间线滑动至起始位置，单击【不透明度】前面的切换动画按钮，设置【不透明度】为 0.0%，如图 9-67 所示；将时间线滑动至 1 秒的位置，设置【不透明度】为 100.0%。

（10）滑动时间线，画面效果如图9-68所示。

图9-67　　　　　图9-68

（11）将时间线滑动至起始位置，将【项目】面板中的3.png素材文件拖曳到【时间轴】面板中的V3轨道上，如图9-69所示。

（12）此时画面效果如图9-70所示。

图9-69　　　　　图9-70

（13）选择V3轨道的3.png素材文件，在【效果控件】面板中展开【运动】效果，将时间线滑动至21帧的位置，单击【位置】前方的切换动画按钮，设置【位置】为（545.5，1614.0），如图9-71所示。将时间线滑动至24帧的位置，设置【位置】为（1545.5，797.0）。

（14）至此，本案例制作完成。滑动时间线，画面效果如图9-72所示。

图9-71　　　　　图9-72

9.4 随堂测试

1. 知识考察

（1）使用抠像类效果将素材背景抠除，并合成新背景。

（2）使用蒙版类工具将素材手动抠除，并合成新背景。

2. 实战演练

参考给定作品，合成"炫酷"感人像。

参考效果	可用工具
	颜色键效果

3. 项目实操

通过抠像技术合成一副广告作品。

要求：

（1）主题鲜明，具有一定的艺术性。

（2）使用绿色或蓝色背景的人像作为素材。

（3）抠像并合成新背景，完成广告作品。

输出作品

第 10 章

◀》 **教学内容概述**

　　在 Premiere Pro 中制作作品时，大多数用户认为当作品创作完成时就是操作的最后一个步骤，其实并非如此。通常在作品制作完成后还要进行渲染操作，以方便影像的保留和传输。本章主要讲解如何渲染不同格式的文件，包括常用的视频格式、图片格式、音频格式等。

◀》 **教学目标**

- 了解什么是输出
- 了解导出设置窗口
- 掌握使用 Adobe Media Encoder 渲染的方法
- 掌握渲染常用的作品格式

10.1　什么是输出

很多三维软件、后期制作软件在制作完成作品后，都需要进行渲染，将最终的作品转换为可以打开或播放的格式，以便在更多的设备上播放。影片的渲染，是指对影片进行逐帧渲染。

在 Premiere Pro 中主要有两种渲染方式，分别是在【导出设置】中渲染和在 Adobe Media Encoder 中渲染。

不同的输出目的可以选择不同的输出格式。例如，若要输出小文件，推荐使用 FLV 格式进行输出；若要输出文件后继续进行编辑，可使用 MOV 格式；若输出文件后想存放或观看，可选择 MP4 格式。

10.2　导出设置窗口

在视频编辑完成时，需要将其导出。激活【时间轴】面板，选择菜单栏中的【文件】→【导出】→【媒体】命令（快捷键为 Ctrl+M），可以打开【导出设置】对话框，该对话框中包括【预览】【调整预设】【扩展参数】【选择目标】【导出】等内容，如图 10-1 所示。

图 10-1

10.2.1　预览

【预览】面板是文件在渲染时用于查看的窗口，有【预览】和【自定义导出设置】两个选项，如图 10-2 所示。

1. 预览

可以在【预览】框中查看输出的图像效果，如图 10-3 所示。

图 10-2   图 10-3

2. 自定义导出设置

可以在【自定义导出设置】中设置输出素材的范围、出点、入点和缩放参数，如图 10-4 所示。

图 10-4

10.2.2 调整预设

调整预设面板可应用于多种播放设备的传输或观看,在该面板中可针对视频的【格式】及【文件名】等进行设置,如图 10-5 所示。

- •【文件名】: 设置文件输出的名称。
- •【位置】: 设置视频导出的文件名及所在路径。
- •【预设】: 设置视频的编码配置。
- •【格式】: 可选择视频素材或音频素材的文件格式。

图 10-5

10.2.3 扩展参数

【扩展参数】面板可针对影片的导出进行更详细的编辑设置,包括【视频】【音频】【多路复用器】【字幕】【效果】【元数据】【常规】7 部分,如图 10-6 所示。

1. 效果

在【效果】中可设置 Lumetri Look/LUT、【SDR 遵从情况】【图像叠加】【名称叠加】【时间码叠加】【时间调谐器】【视频限制器】【响度标准化】等,如图 10-7 所示。

图 10-6   图 10-7

- Lumetri Look/LUT：可针对视频进行调色预设设置。
- SDR 遵从情况：可对素材进行【亮度】【对比度】【软阈值】等调整。图 10-8 所示为设置不同【亮度】时的画面对比效果。
- 图像叠加：当选中【图像叠加】复选框时，可在【已应用】列表中选择所要叠加的图像，并与原图像进行混合叠加。
- 名称叠加：当选中【名称叠加】复选框时，会在素材上方显现该素材序列的名称。
- 时间码叠加：当选中【时间码叠加】复选框时，在视频下方会显示视频的播放时间，如图 10-9 所示。

图 10-8 图 10-9

- 时间调谐器：当选中【时间调谐器】复选框时，可针对素材目标的持续时间进行更改。
- 视频限制器：当选中【视频限制器】复选框时，可降低素材文件的亮度及色度的范围。
- 响度标准化：当选中【响度标准化】复选框时，可调整素材的响度大小。

2. 视频

可设置导出视频的相关参数，如图 10-10 所示。

- 基本视频设置：可设置视频的【帧大小】【帧速率】【场序】【长宽比】等参数。
- 高级设置：可对【关键帧】及【优化静止图像】进行设置。

3. 音频

可针对音频进行相关参数的导出设置，如图 10-11 所示。

图 10-10 图 10-11

- 基本音频设置：可设置声音的【采样率】【声道】【音频编码器】等。

4. 多路复用器

可对【多路复用器】的相关参数进行设置，如图 10-12 所示。

5. 字幕

可针对导出的文字进行相关参数的调整，如图 10-13 所示。

图 10-12

图 10-13

- 导出选项：设置字幕的导出类型。
- 文件格式：设置字幕的导出格式。
- 帧速率：设置每秒刷新的字幕帧数。

6. 元数据

可以设置导出选项、剪辑和序列标记、持续时间等相关信息，如图 10-14 所示。

7. 常规

在【常规】中可以对【导入项目中】【使用预览】和【使用代理】进行设置，如图 10-15 所示。

图 10-14

图 10-15

10.3　渲染常用的作品格式

在导出文件时，有很多格式可供应用，为了适应不同的播放软件，可进行不同格式的导出处理。接下来针对常用格式类型进行案例讲解。

实例：输出 AVI 视频格式文件

文件路径：第 10 章→实例：输出 AVI 视频格式文件

AVI 格式使用广泛，许多视频媒体都会用到这种格式，其缺点是体积过于庞大。本例主要针对"输出 AVI 视频格式文件"的方法进行练习，如图 10-16 所示。

扫一扫，看视频

图 10-16

（1）打开配套资源中的"实例：输出 AVI 视频格式文件 .prproj"，单击【导出】选项卡，如图 10-17 所示。

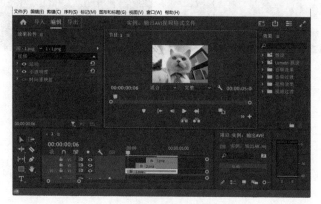

图 10-17

（2）在弹出的导出设置对话框中单击【位置】后面的保存路径，在弹出的对话框中设置文件的保存路径及文件名，设置完成后单击【保存】按钮，设置【格式】为 AVI，如图 10-18 和图 10-19 所示。

图 10-18

图 10-19

（3）在【视频】面板中设置【视频编解码器】为 Microsoft Video 1，选中【使用最高渲染质量】复选框，如图 10-20 所示。单击【导出】按钮，即可开始渲染，如图 10-21 所示。

图 10-20

图 10-21

（4）在弹出的对话框中显示渲染进度条，如图 10-22 所示。渲染完后，在保存的路径中即可出现该视频的 AVI 格式文件，如图 10-23 所示。

图 10-22　　　　　　　　　　　　　图 10-23

实例：输出音频文件

文件路径：第 10 章→实例：输出音频文件

扫一扫，看视频

MP3 是一种音乐文件的格式，使用该格式压缩音乐，可大大降低音质的损失程度。本实例主要针对"输出音频文件"的方法进行练习，如图 10-24 所示。

（1）打开配套资源中的"实例：输出音频格式文件 .prproj"，单击【导出】选项卡，如图 10-25 所示。

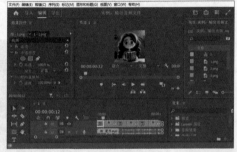

图 10-24　　　　　　　　　　　　　图 10-25

（2）在弹出的导出设置对话框中设置【格式】为 MP3，如图 10-26 所示。单击【位置】后面的保存路径，在弹出的对话框中设置文件的保存路径及文件名，最后单击【导出】按钮，如图 10-27 所示。

（3）输出完成后，在刚刚设置的保存路径中即可出现 MP3 格式的音频文件，如图 10-28 所示。

图 10-26

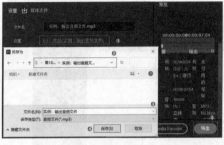

图 10-27　　　　　　　　　　　　　图 10-28

223

综合实例：输出 QuickTime 格式文件

扫一扫，看视频

文件路径：第 10 章→综合实例：输出 QuickTime 格式文件

QuickTime 可以流畅地欣赏 MOV 格式的电影和影像内容，它是特别针对兼容 Apple 产品所采用的压缩编解码器。本例主要是针对"输出 QuickTime 格式文件"的方法进行练习，如图 10-29 所示。

图 10-29

（1）打开配套资源中的"综合实例：输出 Quick Time 格式文件 .prproj"文件，单击【导出】选项卡，如图 10-30 所示。

图 10-30

（2）在弹出的对话框中设置【格式】为 QuickTime、【预设】为 PAL DV，单击【文件名】后的 5_1.mov，在弹出的对话框中设置保存路径和文件名称，如图 10-31 所示，单击【导出】按钮，如图 10-32 所示。

图 10-31

图 10-32

（3）在弹出的对话框中显示渲染进度条，如图 10-33 所示。等待视频输出完成后，在设置的保存路径中会出现"综合实例：输出 QuickTime 格式文件 .mov"文件，如图 10-34 所示。

图 10-33

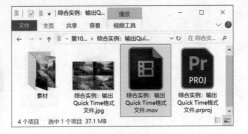

图 10-34

综合实例：输出单帧图片

文件路径：第 10 章→综合实例：输出单帧图片

单帧图片是指一幅静止的画面，将动态影像输出为单帧图片在 Premiere 中非常简单，在输出时将【格式】设置为 BMP 即可完成操作。本例主要针对"输出单帧图片"的方法进行练习，如图 10-35 所示。

扫一扫，看视频

（1）打开配套资源中的"综合实例：输出单帧图片 .prproj"文件，单击【导出】选项卡，如图 10-36 所示。

图 10-35

图 10-36

（2）在弹出的对话框中设置【格式】为 BMP，单击【文件名】后面的 1_1.bmp，在弹出的对话框中设置文件的保存路径及文件名，设置完成后单击【保存】按钮，如图 10-37 所示。取消选中【导出为序列】复选框，然后单击【导出】按钮，如图 10-38 所示。

图 10-37

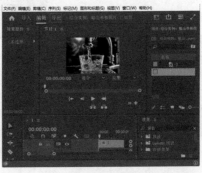

图 10-38

225

（3）输出完成后，在刚刚设置的保存路径中即可查看单帧图片文件，如图 10-39 所示。

图 10-39

综合实例：输出静帧序列

扫一扫，看视频

文件路径：第 10 章→综合实例：输出静帧序列

连续的单帧图像形成了动态效果，而动态的效果可以输出为静帧序列图像。本例主要针对"输出静帧序列"的方法进行练习，效果如图 10-40 所示。

（1）打开配套资源中的"综合实例：输出静帧序列 .prproj"文件，单击【导出】选项卡，如图 10-41 所示。

图 10-40

图 10-41

（2）在弹出的对话框中设置【格式】为 Targa，如图 10-42 所示。接着单击【位置】后方的路径，在弹出的【另存为】窗口中设置合适的保存路径和文件名称，单击【保存】按钮，然后单击界面右下角的【导出】按钮，如图 10-43 所示。

图 10-42

图 10-43

（3）在弹出的对话框中显示渲染进度条，如图 10-44 所示。当序列渲染完成后，在设置的保存路径下会出现多个静帧序列文件，如图 10-45 所示。

图 10-44　　　　　　　　　　　图 10-45

综合实例：输出小格式视频

文件路径：第 10 章→综合实例：输出小格式视频

小格式视频能有效地减少视频在中转时的烦琐性。本例主要针对"输出小格式视频"的方法进行练习，效果如图 10-46 所示。

（1）打开配套资源中的"综合实例：输出小格式视频 .prproj"文件，单击【导出】选项卡，如图 10-47 所示。

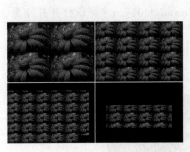

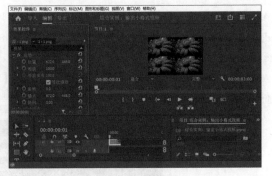

图 10-46　　　　　　　　　　　图 10-47

（2）在弹出的对话框中设置【格式】为 H.264，单击【文件名】后的 1_1.mp4，设置保存路径和文件名称，如图 10-48 和图 10-49 所示。

图 10-48　　　　　　　　　　　图 10-49

（3）打开【比特率设置】面板，设置【目标比特率】和【最大比特率】均为最小值，并单击【导出】按钮，如图 10-50 所示。

图 10-50

（4）在弹出的对话框中显示渲染进度条，如图 10-51 所示。等待视频输出完成后，在刚刚保存的路径下会出现"综合实例：输出小格式视频 .mp4"文件，如图 10-52 所示。

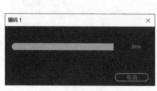

图 10-51

图 10-52

10.4 使用 Adobe Media Encoder 渲染

Adobe Media Encoder 是视频和音频编码程序，可用于渲染输出不同格式的作品。需要安装与 Adobe Premiere Pro 2024 版本一致的 Adobe Media Encoder 2024，才可以打开并使用 Adobe Media Encoder。

Adobe Media Encoder 界面包括五大部分，分别是【媒体浏览器】【预设浏览器】【队列】【监视文件夹】和【编码】面板，如图 10-53 所示。

图 10-53

1. 媒体浏览器

使用【媒体浏览器】，可以将媒体文件添加到队列之前预览这些文件，如图 10-54 所示。

2. 预设浏览器

【预设浏览器】为用户提供各种选项，这些选项可帮助简化 Adobe Media Encoder 中的工作流程，如图 10-55 所示。

图 10-54   图 10-55

3. 队列

将想要编码的文件添加到【队列】面板中。可以将源视频或音频文件、Adobe Premiere Pro 序列和 Adobe After Effects 合成文件添加到要编码的项目队列中，如图 10-56 所示。

4. 监视文件夹

硬盘驱动器中的任何文件夹都可以被指定为【监视文件夹】。选择【监视文件夹】后，任何添加到该文件夹的文件都将使用所选预设进行编码，如图 10-57 所示。

图 10-56   图 10-57

5. 编码

【编码】面板提供了每个编码项目的状态信息，如图 10-58 所示。

图 10-58

> ⚠ 技巧提示：除了使用修改比特率的方法外，还有什么方法可以让视频变小？
>
> 当需要渲染特定格式的视频时，这些文件很大应该怎么办？建议下载并安装一些视频转换软件（可百度搜索"视频转换软件"，选择一两款下载安装），这些软件可以快速将较大的文件转为较小的文件，而且还可以将文件更改为其他需要的实例格式。

实例：将序列添加到 Adobe Media Encoder 进行渲染

扫一扫，看视频

文件路径：第 10 章→实例：将序列添加到 Adobe Media Encoder 进行渲染

Adobe Media Encoder 是一个视频和音频编码应用程序，同时也可以对图片进行转码，支持常见的 jpg、gif、tif、png 等格式。本例主要针对将序列添加到 Adobe Media Encoder 进行渲染的方法进行练习，效果如图 10-59 所示。

图 10-59

（1）打开配套资源中的"实例：输出小格式视频 .prproj"文件，单击【导出】选项卡，如图 10-60 所示。

（2）单击界面右下角的【发送至 Media Encoder】按钮，如图 10-61 所示。

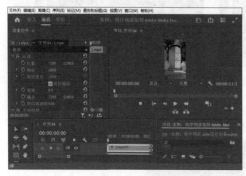

图 10-60

图 10-61

（3）此时可打开 Adobe Media Encoder，如图 10-62 所示。

（4）Adobe Media Encoder 工作界面如图 10-63 所示。

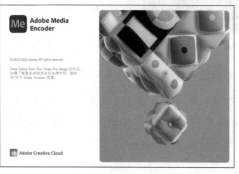

图 10-62

图 10-63

（5）单击【队列】面板，再单击 ▼ 按钮，选择 H.264，然后设置保存文件的位置和名称，如图 10-64 所示。

图 10-64

（6）单击 H.264，完成输出视频的其他设置，如图 10-65 所示。

（7）在弹出的【导出设置】面板中单击【视频】,设置【目标比特率】为 5、【最大比特率】为 5，如图 10-66 所示。

（8）单击右上角的 ▶ （启动队列）按钮，如图 10-67 所示。

（9）此时开始进行渲染，如图 10-68 示。

图 10-65

（10）渲染完成后，在刚才设置的路径中可以找到渲染的视频文件"实例：将序列添加到 Adobe Media Encoder 进行渲染 .mp4"，如图 10-69 所示。渲染出的文件不仅非常小，画面清晰度也不错。若需要更小的视频文件，那么可以将【目标比特率】和【最大比特率】数值再调小一些。

图 10-66

图 10-67

图 10-68

图 10-69

10.5 课堂演练：输出 GIF 表情包

文件路径：第 10 章→课堂演练：输出 GIF 表情包

图 10-70

GIF 采用无损压缩存储，在不影响图像质量的情况下，可以生成很小的文件，也可以制作动画，这是它最突出的一个特点。本实例主要是针对"输出 GIF 表情包"的方法进行练习，如图 10-70 所示。

（1）打开配套资源中的"课后练习：输出 GIF 表情包 .prproj"文件，单击【导出】选项卡，如图 10-71 所示。

（2）进入【导出】模式，在【调整预设】中设置【格式】为动画 GIF，如图 10-72 所示。单击【位置】后面的保存路径，在弹出的【另存为】对话框中设置合适的保存路径和文件名称，设置完成后单击【保存】按钮，最后单击界面右下角的【导出】按钮，如图 10-73 所示。

图 10-71

图 10-72

图 10-73

（3）在弹出的对话框中显示渲染进度条，如图 10-74 所示。输出完毕后，在所设置的保存路径中会出现刚刚输出的 GIF 文件，如图 10-75 所示。

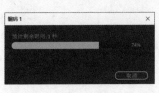

图 10-74   图 10-75

10.6　随堂测试

1. 知识考察

（1）将作品导出为不同的格式文件。

（2）使用 Adobe Media Encoder 将作品导出。

2. 实战演练

将本书任意文件导出为 AVI 格式的视频文件。

3. 项目实操

输出一个文件体积较小、清晰度较高的视频。

要求：

（1）使用本书任意的文件进行输出。

（2）使用 Adobe Media Encoder 输出视频文件。

（3）修改目标比特率、最大比特率，以达到"文件小且清晰"的目的。